"十四五"职业教育国家规划教材

"十三五"职业教育国家规划教材
制冷与空调技术专业教学资源库建设项目系列教材

小型制冷装置设计与制造

主　编　李玉春　余华明
副主编　朱文波　欧阳凯华
参　编　王斯焱　李锡宇
主　审　刘智勇

机械工业出版社

本书是基于国家级制冷与冷藏（空调）技术专业教学资源库开发的纸数一体化教材。国家级职业教育制冷与冷藏技术专业教学资源库于 2014 年获得教育部立项，该项目由顺德职业技术学院和黄冈职业技术学院牵头建设，集合了国内最好的 20 多家职业院校和几十家制冷龙头企业，旨在为国内制冷专业教育建设优质的教学资源。在构建优质教学素材资源的基础上，该项目构建了 12 门制冷专业核心课程，本书就是基于素材和课程建设、以纸质和网络数字化多种方式呈现的一体化教材。

本书的主要内容包括四个项目，遵照企业实际的工作流程。编者期望将小型制冷产品的设计与制造过程较为真实、全面、全程地展现出来。本书利用项目与任务的形式，将教与学的过程转变成解决生产实际问题、实现能力培养的过程。本书配有与知识点相呼应的二维码资源供学习者进行延伸学习，学习者可通过微知库 App 扫码获取。

本书可作为高职院校制冷与冷藏专业的教材，也可作为家电制冷类企业设计、工艺、质检等工程技术岗位的培训教材。

为便于教学，本书配套有相应教学资源，选择本书作为教材的教师可登录资源库平台、注册、免费使用。

图书在版编目（CIP）数据

小型制冷装置设计与制造/李玉春，余华明主编. —北京：机械工业出版社，2017.7（2025.6 重印）

制冷与空调技术专业教学资源库建设项目系列教材

ISBN 978-7-111-57244-2

Ⅰ.①小… Ⅱ.①李… ②余… Ⅲ.①制冷装置-设计-高等职业教育-教材②制冷装置-制造-高等职业教育-教材 Ⅳ.①TB657

中国版本图书馆 CIP 数据核字（2017）第 146681 号

机械工业出版社（北京市百万庄大街 22 号　邮政编码 100037）
策划编辑：王佳玮　责任编辑：王佳玮　章承林　责任校对：肖　琳
封面设计：张　静　责任印制：常天培
北京中科印刷有限公司印刷
2025 年 6 月第 1 版第 6 次印刷
184mm×260mm・11.25 印张・268 千字
标准书号：ISBN 978-7-111-57244-2
定价：45.00 元

电话服务　　　　　　　　　网络服务
客服电话：010-88361066　　机　工　官　网：www.cmpbook.com
　　　　　010-88379833　　机　工　官　博：weibo.com/cmp1952
　　　　　010-68326294　　金　书　网：www.golden-book.com
封底无防伪标均为盗版　　　机工教育服务网：www.cmpedu.com

关于"十四五"职业教育
国家规划教材的出版说明

为贯彻落实《中共中央关于认真学习宣传贯彻党的二十大精神的决定》《习近平新时代中国特色社会主义思想进课程教材指南》《职业院校教材管理办法》等文件精神，机械工业出版社与教材编写团队一道，认真执行思政内容进教材、进课堂、进头脑要求，尊重教育规律，遵循学科特点，对教材内容进行了更新，着力落实以下要求：

1. 提升教材铸魂育人功能，培育、践行社会主义核心价值观，教育引导学生树立共产主义远大理想和中国特色社会主义共同理想，坚定"四个自信"，厚植爱国主义情怀，把爱国情、强国志、报国行自觉融入建设社会主义现代化强国、实现中华民族伟大复兴的奋斗之中。同时，弘扬中华优秀传统文化，深入开展宪法法治教育。

2. 注重科学思维方法训练和科学伦理教育，培养学生探索未知、追求真理、勇攀科学高峰的责任感和使命感；强化学生工程伦理教育，培养学生精益求精的大国工匠精神，激发学生科技报国的家国情怀和使命担当。加快构建中国特色哲学社会科学学科体系、学术体系、话语体系。帮助学生了解相关专业和行业领域的国家战略、法律法规和相关政策，引导学生深入社会实践、关注现实问题，培育学生经世济民、诚信服务、德法兼修的职业素养。

3. 教育引导学生深刻理解并自觉实践各行业的职业精神、职业规范，增强职业责任感，培养遵纪守法、爱岗敬业、无私奉献、诚实守信、公道办事、开拓创新的职业品格和行为习惯。

在此基础上，及时更新教材知识内容，体现产业发展的新技术、新工艺、新规范、新标准。加强教材数字化建设，丰富配套资源，形成可听、可视、可练、可互动的融媒体教材。

教材建设需要各方的共同努力，也欢迎相关教材使用院校的师生及时反馈意见和建议，我们将认真组织力量进行研究，在后续重印及再版时吸纳改进，不断推动高质量教材出版。

机械工业出版社

前　言

本书是基于国家级职业教育专业教学资源库项目——制冷与冷藏技术专业教学资源库开发的纸数一体化教材。该项目由顺德职业技术学院和黄冈职业技术学院牵头建设，集合了国内20多家职业院校和几十家制冷企业，旨在为国内制冷与冷藏技术专业教育建设优质的教学资源。

在制作优质教学素材资源的基础上，该项目构建了12门制冷专业核心课程，本书就是基于素材和课程建设、以纸质和网络数字化多种方式呈现的一体化教材。纸质版教材和网络课程以及数字化教材配合使用的优点：纸质版教材更多地是对课程大纲和主要内容的条理化呈现和说明，更多详细内容将以二维码的方式指向网络课程相关内容；网络课程的结构和内容与纸质版教材保持一致，但内容更为丰富、素材呈现形式更为多样，更多地以动画、视频等动态资源辅助完成对教材内容的介绍；数字化教材则以电子书的方式将网络课程内容和纸质教材内容进行了整合，真正做到了文字、动画、视频以及其他网络资源的优化组合。

党的二十大报告指出："推进教育数字化，建设全民终身学习的学习型社会、学习型大国。"为响应二十大精神，本书制作了动画、视频等数字资源，并建设了在线课程。本书主要介绍了小型制冷装置的设计与制造过程所涉及的理论知识、能力培养与技能训练。本书教学内容按小型制冷装置的设计、工艺分析、样机试制、性能测试及优化匹配四个项目推进展开。本书重点培养学生进行小型制冷产品设计、工艺分析、样机试制实操（技能）以及产品测试与持续优化改进的能力。编写过程中力求体现以下特色：

（1）**教学内容科学合理**　本书内容紧跟企业生产实际与行业专业分工现状，聚焦于小型制冷家电类产品的设计与制造过程，去掉了通常由专业配件商完成的工作内容（如压缩机的设计与制造、塑料五金模具的设计与制造、电控件的设计与制造等），使内容更具针对性，也更有行业特色。

（2）**体现最新的媒体表达模式**　本书综合了文字、图、表以及视频、动画等动态资源（动态资源需通过二维码扫描阅读），符合现在流行的手机阅读方式，体现了人人、时时可读的现代媒体传播效果。

（3）**配套资源**　除书中已标注的二维码资源可供通过手机阅读外，编者还建成了相关的课程资源，读者可进入教学资源库课程网站（http：//218.13.33.159：8000/lms/）"课程"栏目下的"制冷装置设计与制造"课程中，学习更多拓展性内容，观看视频，进行在线习题测试、交流互动等。

（4）**能力培养、职业情操两手抓**　书中将学生能力培养量化为检测评分表，检测评分表中不仅包含学生工作能力、技能指标，还包含职业素养（如工作态度、团队精神等）指标；部分项目后附有课程思政内容，通过介绍榜样人物、行业发展等来激发学生的职业荣誉感和爱岗敬业精神。

本书建议学时为100学时，其中应有40左右的学时集中安排，以便于课程中的任务"工装夹具设计"以及项目"样机试制""性能测试及优化匹配"的教学安排。

本书共分四个项目，项目一由顺德职业技术学院余华明编写，项目二的任务一、任务三、任务五、任务六由顺德职业技术学院李玉春编写；项目二的任务二由顺德高美空调设备公司欧阳凯华编写，项目二的任务四由华天成电器有限公司总工程师朱文波编写；项目三由顺德职业技术学院王斯焱编写；项目四由顺德职业技术学院李锡宇编写。全书由美的空调创新研发中心高级工程师刘智勇主审。

在本书编写过程中得到了美的空调制造分厂四分厂厂长武红旗高级工程师和南京科技职业技术学院戴路玲副教授的帮助，并参阅了国内出版的相关书籍，在此一并表示衷心的感谢！

由于编者水平有限，书中不妥之处在所难免，恳请读者批评指正。

编　者

职业教育制冷与冷藏技术专业教学资源库学习平台使用说明

1. 学习平台功能简介

学习平台是一个支持课前、课中、课后学习的开放的、可扩展的在线学习平台，主要提供以下功能：

1）支持课程建设者设计、开发和交付高质量的课程，根据教学目标灵活地进行课程设计，包括大纲、学习内容、作业测验、任务等。

2）支持学习者个性化的学习体验，学习者可自定义学习路径，自我控制学习进度。

3）辅助课堂教学分组任务、随堂测验、互动交流、笔记分享等。

4）支持教师对学生自主学习的过程和结果进行控制，以及对任务实施的过程与结果进行控制。

5）支持对学习者成绩和学习行为的统计分析，提供有针对性的学习指导。

如何进入学习平台？

方式1. http://zl.sdpt.edu.cn/单击页面右上角"学习平台入口"进入。

方式2. 学习平台网址：http://218.13.33.159:8000/lms/。

2. 微知库App使用简介

手机扫码下载安装微知库App，或在手机应用商场里搜寻"微知库"下载安装。

微知库App

1）注册登录。使用手机号简易注册和登录。若要用同一手机号登录PC端，则需要完善注册内容。

2）首页选择专业。单击选择"制冷与冷藏技术"专业入口进入。

3）选课。在"选课中心"处单击，以关键词搜索需要的课程，报名学习课程。

4）学生学习界面。进入学生学习界面。

学习：学生单击教学内容自行学习。

笔记：学生发表学习笔记。

测验：学生完成教师在PC端布置的作业（手机端适合完成选择判断题等客观题）。

任务：学生接收教师的实训任务，并以图片、视频、音频等方式提交作业。

论坛：学生讨论，反馈教师的问卷调查等。

目 录

前言
项目一　小型制冷装置的选型设计 …… 1
任务一　家用空调器的选型设计 …… 1
知识点一　家用空调器制冷系统的参数
选取 …… 2
知识点二　家用空调器制冷系统的热力
计算 …… 5
知识点三　家用空调器制冷系统的选型
设计 …… 7
知识点四　家用空调器的概算选型
设计法 …… 12
任务二　家用电冰箱的选型设计 …… 17
知识点一　家用电冰箱制冷系统的参数
选取 …… 18
知识点二　家用电冰箱制冷循环的热力
计算 …… 19
知识点三　家用电冰箱制冷系统的选型
设计 …… 22
素养提升 …… 40
项目二　小型制冷装置的工艺分析 …… 41
任务一　辨识小型制冷装置材料 …… 41
知识点一　小型制冷装置常用金属材料 …… 42
知识点二　小型制冷装置常用塑料材料 …… 49
任务二　外购物料检验 …… 52
知识点一　塑料件进货检验的项目和
标准 …… 53
知识点二　检验的基础知识 …… 56
知识点三　塑料件成型工艺 …… 57
任务三　工艺审查 …… 63
知识点一　金属冲压加工用材料 …… 64
知识点二　钣金冲裁工艺特点及要求 …… 65
知识点三　钣金拉深工艺特点及工艺
要求 …… 67
知识点四　钣金弯曲工艺特点及工艺
要求 …… 69
知识点五　钣金翻边工艺特点及工艺
要求 …… 71
任务四　编制自制件工序卡 …… 81
知识点一　管道弯曲 …… 81
知识点二　管端加工 …… 85
知识点三　钎焊 …… 86
任务五　设计总装工艺 …… 93
知识点一　装配及装配工艺性 …… 94
知识点二　装配方法 …… 97
知识点三　换热器部装 …… 101
知识点四　小型家用制冷装置装配工艺 …… 108
任务六　设计夹具 …… 114
知识点一　夹具的应用 …… 115
知识点二　夹具的分类 …… 117
知识点三　夹具的组成 …… 118
知识点四　工件的定位 …… 119
知识点五　夹紧与定位元件 …… 120
项目三　小型制冷装置的样机试制 …… 126
任务一　自制零部件 …… 126
知识点一　试制准备 …… 127
知识点二　加工设备简介 …… 128
任务二　试制总装 …… 131
知识点　装配流水线及其设备 …… 131
素养提升 …… 140
项目四　小型制冷装置的性能测试及
优化 …… 141
任务一　小型制冷装置的性能测试 …… 141

知识点一　家用空调器的性能测试
　　　　　　　方法……………………… 142
　　知识点二　家用电冰箱的性能测试
　　　　　　　方法……………………… 146
　任务二　制冷装置的优化设计 …………… 153
　　知识点一　家用空调器的优化设计 …… 153
　　知识点二　家用电冰箱的优化设计 …… 155
附录 ………………………………………… 160
　附录A　铝及变形铝合金新旧牌号对照 …… 160
　附录B　铸造铝合金的牌号及化学成分 …… 162
　附录C　加工铜的牌号及化学成分 ………… 163
　附录D　铜合金的牌号及化学组成 ………… 165
　附录E　中日不锈钢牌号对比 ……………… 166
　附录F　某空调室外机零部件 ……………… 166
　附录G　常用硬钎剂的化学成分 …………… 167
　附录H　非合金钢及细晶粒钢焊条型号表示
　　　　　方法 ………………………………… 167
参考文献 …………………………………… 169

项目一

小型制冷装置的选型设计

常见的小型制冷装置包括家用空调器、家用电冰箱、除湿机、空气源热泵热水器、冷藏陈列柜等,其中家用空调器和家用电冰箱是两种最为普遍且在设计上具有典型性的制冷装置。空调器、除湿机、热泵热水器是同一类产品,其设计具有很强的相似性;电冰箱、制冷酒柜、冷藏陈列柜则又是另一类制冷产品,其设计的流程和方法也非常类似。因此,本项目要求设计具有典型意义的一款空调器和一款电冰箱。

家用空调器

(1) 家用空调器设计 设计一款适合于广东地区(亚热带气候)的1匹(1匹=735.499W)冷暖分体空调器,能效级别要求2级,制冷剂的使用符合国家标准和要求。

(2) 家用电冰箱设计 设计一款适合于广东地区(亚热带气候)的200L双门直冷式电冰箱,其中冷冻箱容积为60L,冷藏箱容积为140L,能效级别要求1级,制冷剂的使用符合国家标准和要求。

家用电冰箱

制冷、热水、制热三联供系统

家用空调器、家用电冰箱以及制冷、热水、制热三联供系统的相关知识可用微知库App扫右侧二维码学习。

> **学习目标**
>
> ➢ 掌握小型制冷装置设计的流程和一般方法。
> ➢ 掌握小型制冷装置热力参数的确定和热力计算方法。
> ➢ 掌握依据热力计算选配制冷装置零配件的方法。

任务一 家用空调器的选型设计

任务描述

对于高等职业教育或者技术应用本科的学生,若要在制冷产品制造企业从事产品设计与制造工作,能够完成一款空调器的匹配设计是最基本的职业素质要求,而充分了解每一个配件的选型对于空调器整机性能的影响,从而设计出一款满足常规或者特殊要求的空调器,则是一个优秀产品设计师的最终目标。本任务从最常规的空调器设计出发,让学习者了解空调器设计的流程、规范和一般方法。

本任务要求设计一款适合于广东地区(亚热带气候)的 1 匹冷暖分体空调器,能效级别要求 2 级,制冷剂的使用符合国家标准和要求。

知识目标

- 掌握家用空调器设计的基本流程和方法。
- 掌握家用空调器热力参数的确定和热力计算方法。
- 掌握依据热力计算选配空调器零配件的方法。

技能目标

- 熟练使用工具对空调器进行拆装和性能测试。

知识准备

家用空调器的设计以及后续的样机制作、工艺设计和生产是一个分工合作的过程,通常需要企业多个部门的人花费多达数月的时间才能完成。在这个过程中,分工合作的团队精神就显得尤为重要。在整个装置的设计过程中,制冷专业的技术人员更多的是从事制冷系统的匹配设计。这也是本任务的重心。

知识点一 家用空调器制冷系统的参数选取

制冷系统热力计算是家用空调器设计的基础和出发点,通过热力计算,可对空调设备各个部件的工作参数、能量变化与转移的多少有宏观上的认识,因此,做好系统热力计算显得尤为重要。而系统热力计算的依据是制冷系统运行参数的选取,因此,科学地选取制冷系统运行参数是热力计算的前提。

制冷系统运行参数主要有冷凝温度、蒸发温度、吸气过热度、节流前过冷度、排气温度等。合理地确定上述运行参数需综合多方面的因素,这些因素主要有国家标准测试项目的要求与限制,其次是产品的特点、功能定位与成本定位等。

一、冷凝温度

冷凝温度一般取决于冷却介质的温度及冷却介质与制冷剂之间的传热温差。对于风冷式空调器,冷却介质为空气;对于水冷式空调器,冷却介质为水。国家标准中,房间空调器在标准(制冷)工况测试时,其环境空气干球/湿球温度为 35℃/24℃,同时,考虑在国家标准中,还要求房间空调器在最大制冷工况下能正常运行,即在环境空气干球/湿球温度为 43℃/32℃时,压缩机能正常运转,这意味着在标准工况下,压缩机的冷凝温度不宜太高。经验表明,一般压缩机冷凝温度超过 63℃时,压缩机的寿命会急剧下降。因此,一般在产品设计时都尽量使压缩机冷凝温度(即使是在最大制冷工况时)不超过 63℃。以此测算,在标准工况下,制冷系统冷凝温度应在 52℃以下,一般控制在 47~50℃。

某品牌 KFR-61LW 空调器某次匹配时在标准(制冷)工况下的测试数据见表 1-1。

表1-1　KFR-61LW空调器某次匹配时在标准（制冷）工况下的测试数据

排气温度	回气温度	冷凝温度	节流前温度	功率	电流
90.5℃	9.9℃	52.5℃	42.0℃	2520W	12.5A

在最大制冷工况下，以电源电压为198V运行1h，测试数据见表1-2，停机再起动运行6min后压缩机发生了跳停。

表1-2　KFR-61LW空调器在最大制冷工况下的测试数据

排气温度	回气温度	冷凝温度	节流前温度	功率	电流
108.2℃	14.5℃	62.8℃	53.5℃	3570W	18.5A

从表1-1和表1-2中的数据看，在标准（制冷）工况和最大制冷工况下，排气温度均不高，相对而言，冷凝温度偏高，因此说明在标准（制冷）工况时，冷凝温度取得略高了些。

若是采用水冷式冷凝器，标准进水温度为30℃，出水温度为35℃，根据行业规定，一般换热温差为7~8℃，因此冷凝温度一般取40℃。

上述对冷凝温度的选取只考虑满足最大制冷工况运行；同时，冷凝温度与性能系数（COP）、能效比（EER）、成本等有关，冷凝温度越高，COP和EER越低，材料成本也越低，因此还要综合考虑这些指标。

二、蒸发温度

蒸发温度一般取决于被冷却物体的温度和被冷却物体与制冷剂之间的温差。对于风冷式空调器，被冷却物为房间内的空气，国家标准工况中，房间空调器的室内工况为干球温度27℃，湿球温度19℃，而传热温差取决于室内风机的风速大小及蒸发器换热面积的大小，风速越大，传热温差越小，制冷剂的蒸发温度也就越高，反之亦然；然而风速的大小又影响室内风机的运行噪声，因此，总体来讲，在满足空调器噪声要求的前提下，空调器的室内机风速越大越好。当然，在一些特殊的场合，还要考虑送风温差的影响，如风速太大，送风温差小，则送风温度过高，制冷效果从感觉上讲就差一些。

目前，房间空调器的送风量见表1-3。

表1-3　房间空调器的送风量

1hp[①]挂壁式空调器（2500W）	1.5hp挂壁式空调器（3500W）	2hp落地式空调器（5000W）	3hp落地式空调器（7500W）	5hp落地式空调器（12000W）
380~450m^3/h	450~500m^3/h	680~750m^3/h	1000~1300m^3/h	1600~1900m^3/h

① 1hp=745.700W。

在上述送风量下，按照现有的噪声水平，窗式空调器迎面风速一般为1m/s；挂壁式空调器迎面风速一般都在0.7m/s以下；落地式空调器迎面风速在1.5m/s以下。

而蒸发器换热面积的大小取决于空调器的类型。相对而言，窗式空调器的蒸发器小，因而换热面积小，送风量又低，蒸发温度就低一些；而落地式空调器的蒸发器虽然较大，但由于落地式空调器的制冷量也很大，因而其蒸发温度并不高。综观目前市场的房间空调器，其蒸发温度一般都在7~11℃。

三、吸气过热度

吸气过热度是指吸气温度与吸气压力对应饱和温度之间的温差。吸气过热度过高，会导致蒸发器中的制冷剂在换热的中后段即处于干蒸气状态。许多文献表明，制冷剂干度在 0.3~0.7 时，换热效果最好。因此过早出现干蒸气不利于制冷量的提高，同时过高的过热度必然导致过高的排气温度，对压缩机的电动机绕组寿命及润滑油性能不利。若吸气没有过热度，又会导致在空调器最小运行工况时（室内空气干球/湿球温度为 21℃/15℃，室外空气温度为 21℃）出现蒸发器蒸发不完全，压缩机吸气有带液的可能。因此选取恰当的吸气过热度很重要。一般来讲，在标准工况下，压缩机的吸气过热度应在 3~5℃，而蒸发器出口最好刚好是饱和干蒸气状态，或允许有微量的液体，从而确保压缩机吸气过热度不超过 3~5℃（由于从蒸发器到压缩机吸气口之间的管道吸热，因此管内制冷剂流动产生的压力下降，吸气过热度因此升高）。

表 1-4 是某分体机在标准制冷工况下的测试数据。该分体机由于吸气过热度过大，导致排气温度过高，使得最大制冷时排气温度高达 119.7℃，处于过载保护动作的边缘。

表 1-4 某分体机在标准制冷工况下的测试数据

排气温度	回气温度	冷凝温度	蒸发温度	功率
96.7℃	13.4℃	50.2℃	8.9℃	2150W

注：由于流动阻力，压缩机吸气口压力对应饱和温度一般比蒸发器中部温度低 2~3℃，故表中压缩机实际吸气过热度在 6.5℃ 以上。

四、节流前过冷度

节流前过冷度是指节流前过冷液体所处压力对应的饱和温度与过冷液体温度之差。制冷系统节流前制冷剂有一定的过冷度可保证节流前处于无气泡的纯液体状态，有利于节流过程稳定，一定的过冷度还会增加制冷剂单位质量的制冷量。过冷度增大，在相同的节流孔径及节流前后压差的情况下，制冷剂流量也会增加。

由于从饱和液体放热变成过冷液体的过程中，液体制冷剂需要占据一定的换热管道，过冷过程所放出的热量也需要一定的换热面积来完成，因此过冷度越高，也就意味着液体制冷剂将占据越多的换热空间，进而缩减冷凝过程的换热面积。由于液体对流换热系数小于凝结换热系数，过冷段的换热效果比冷凝段差很多，因此，过高的过冷度意味着较差的冷凝换热效果，势必引起冷凝温度与冷凝压力的上升，对制冷系统性能反而不利。

有资料指出，对于空冷式冷凝器和水冷式冷凝器，可选取 5℃ 的过冷度，然而在制冷压缩机的标准测试工况中，过冷度控制在 8.3℃。笔者认为，对于房间空调器的过冷度也应在 8℃ 左右。目前，市场上的房间空调器，节流前过冷度基本上在 7~12℃。恰当地选取过冷度还应综合考虑蒸发器、冷凝器、压缩机的相对大小等因素。

表 1-5 是某品牌空调器 KF-75LW 在匹配设计过程中过冷度与其他参数的关系。

表 1-5 KF-75LW 的测试数据（1）

排气温度	回气温度	冷凝温度	节流前温度	功率
93.7℃	8.1℃	52.0℃	46.6℃	3440W

在制冷剂量不变的情况下，设计人员为了增大过冷度，加长了毛细管，测试数据见表1-6。由此可见，增大过冷度会引起冷凝温度的上升。

表1-6　KF-75LW 的测试数据（2）

排气温度	回气温度	冷凝温度	节流前温度	功率
103.7℃	13.2℃	53.0℃	44.2℃	3567W

五、排气温度

排气温度的选取与控制是制冷系统匹配设计的重要工作之一。理论上排气温度与吸气温度、压缩比的关系为

$$T_d = T_s \pi^{\frac{\kappa-1}{\kappa}} \tag{1-1}$$

式中　T_s、T_d——压缩机吸、排气温度（K）。

π——压缩比，$\pi = \dfrac{p_d}{p_s}$，其中，p_s、p_d 分别表示吸、排气压力；

κ——制冷剂的绝热指数。

由式（1-1）可知，吸气温度越高，压缩比 π 越大，排气温度越高。

在制冷系统中，排气温度一般不能超过120℃。这是因为，电动机绕组的寿命在温度超过120℃后会急剧下降，主要表现为绕组绝缘涂层脱落，导致压缩机漏电、匝间短路；同时压缩机润滑油在过高的温度下产生炭化现象，从而严重影响润滑性能，引起活塞卡缸、堵转等故障。

当然压缩机排气温度也不可过低，过低的排气温度意味着吸气带有过多的液体，易引起液击；在低温下运行（如冬天制热时），过冷的排气温度还意味着过冷的压缩机曲轴箱温度，从而使润滑油黏度过高，影响压缩机的运转，甚至会使压缩机因无法顺利起动而烧毁。

由于空调器在最大制冷工况时的排气温度远大于标准制冷工况时的排气温度，同理对于冷暖型空调器，最大制热的排气温度也远高于标准制热工况时的排气温度，因此标准（制冷、制热）工况下的排气温度应远小于120℃，一般取75~95℃。

表1-7是几款量产空调器的排气、回气温度。

表1-7　几款量产空调器的排气、回气温度

机型	KFR-43LW/K		KFR-43LW/H		KFR-75LW		KFR-25GW	
工况	制冷	制热	制冷	制热	制冷	制热	制冷	制热
排气温度/℃	91.6	82.8	87.6	78.1	93.3	81.55	91.6	86.9
回气温度/℃	13.7	2.6	11.3	-0.59	10.77	-3.57	11.4	1.8

知识点二　家用空调器制冷系统的热力计算

一、制冷剂的确定

由于制冷剂R22对大气臭氧层有破坏作用（臭氧损耗潜值ODP = 0.055），而且有地球

温室效应（全球变暖潜值 GWP_{100} = 1500），按照蒙特利尔协议哥本哈根修订案中的要求，须在 2030 年完全禁用。目前全世界的制冷剂替代进程有加速的趋势，欧盟于 2004 年已全面禁用 R22，而美国于 2010 年已不再生产 R22。目前 R22 在空调领域的替代制冷剂主要有 R410A 和 R407C，一般 2.5hp 以下的机组主要采用 R410A，而 2.5hp 以上的机组以 R407C 为主。根据艾默生公司的研究与分析，R410A 的性能优良，世界范围内的认可程度（尤其是日本、美国）逐渐超过了 R407C，将成为 R22 的主要替代物。

在制冷量小于 500W 的电冰箱、饮水机、陈列柜、除湿机等小型制冷装置以及汽车空调领域，一般采用 R600a 或 R134a 替代原 R12。

二、热力计算

制冷系统热力计算是进行制冷系统设计必不可少的步骤，它主要是对制冷系统中制冷剂在各个零部件中的入口状态、出口状态进行推算和确定，并由状态变化过程计算出其能量变化与转移的多少，为后续的零部件设计与选型打下基础。

制冷系统的热力计算可细分为以下步骤：

1）确定计算工况。

2）选定制冷剂及相应的制冷剂特性图表（如 p-h 图、热物性参数表）。

3）根据知识点一中的内容，确定蒸发温度、冷凝温度、吸气过热度、节流前过冷度并画于 p-h 图上。

4）查物性图表，确定 p-h 图上各状态点的状态值（如焓值、比体积、熵值、温度值、压力值等）。

5）计算性能指标（q_m、q_V、p_m、q_c、ε、Q_e、Q_c、G_m、G_V）。

Q_e、Q_c、G_V 分别是蒸发器、冷凝器、压缩机选型的重要依据。

单级蒸气压缩式制冷循环的性能指标有单位质量制冷量 q_m、单位容积制冷量 q_V、单位功 p_m、冷凝器单位热负荷 q_c、制冷系数 ε 等。

1. 单位质量制冷量 q_m （kJ/kg）

它表示 1kg 制冷剂在蒸发器内从被冷却物体中吸取的热量，简称单位制冷量，用 q_m 表示。它可用制冷剂进、出蒸发器时的焓差表示，即

$$q_m = h_1 - h_4 = h_1 - h_3 \tag{1-2}$$

式中　h_1——制冷剂出蒸发器时的焓值（kJ/kg）；

h_3——制冷剂节流前的焓值（kJ/kg）；

h_4——制冷剂进蒸发器时的焓值（kJ/kg）。

也可用下式表示

$$q_m = r_e (1 - \chi_4) \tag{1-3}$$

式中　r_e——制冷剂在蒸发温度 t_e 时的汽化潜热（kJ/kg）；

χ_4——制冷剂节流后湿蒸气的干度。

由式（1-3）可知，单位质量制冷量与制冷剂的性质有关，也与节流后湿蒸气的干度有关。节流后的干度与节流前、后压力及节流前温度有关。

2. 单位容积制冷量 q_V （kJ/m³）

它表示压缩机每吸入 1m³ 制冷剂蒸气（按吸气状态计）所制取的冷量，用 q_V 表示，即

$$q_V = \frac{q_m}{v_1} = \frac{(h_1 - h_4)}{v_1} \tag{1-4}$$

式中　v_1——吸气状态下制冷剂蒸气的比体积（m³/kg）；

v_1 与制冷剂的性质有关，且受蒸发压力 p_e 的影响很大，蒸发温度越低，v_1 值越大，q_V 值越小。

3. 单位功 p_m（kJ/kg）

压缩机每压缩并输送 1kg 制冷剂所消耗的功，称为单位功，用 p_m 表示。由于节流过程中制冷剂对外不做功，因此循环单位功与压缩机的单位功相等。它可用制冷剂进、出压缩机时的焓差表示，即

$$p_m = h_2 - h_1 \tag{1-5}$$

式中　h_2——制冷剂压缩终了时的焓值（kJ/kg）。

p_m 的大小不仅与制冷剂的性质有关，也与压缩机的压缩比 $\dfrac{p_d}{p_s}$ 的大小有关。

4. 冷凝器单位热负荷 q_c（kJ/kg）

它表示 1kg 制冷剂在冷凝器中放给冷却介质的热量，用 q_c 表示。它可用制冷剂进、出冷凝器时的焓差表示，即

$$q_c = h_2 - h_3 \tag{1-6}$$

5. 制冷系数 ε

它表示单位质量制冷量与单位功之比，用 ε 表示，即

$$\varepsilon = \frac{q_m}{p_m} = \frac{(h_1 - h_4)}{(h_2 - h_1)} \tag{1-7}$$

6. 制冷系统体积流量 G_V（m³/s）

它表示制冷系统在压缩机吸气侧单位时间内吸入的制冷剂体积，用 G_V 表示，即

$$G_V = \frac{Q_e}{q_V} \tag{1-8}$$

式中　Q_e——制冷系统的总制冷量（W）。

7. 制冷系统质量流量 G_m（kg/s）

它表示制冷系统单位时间内制冷剂的质量流量，用 G_m 表示，即

$$G_m = \frac{Q_e}{q_m} \tag{1-9}$$

8. 冷凝器的热负荷 Q_c（W）

它表示制冷系统在冷凝侧的散热量，用 Q_c 表示，即

$$Q_c = G_m q_c \tag{1-10}$$

知识点三　家用空调器制冷系统的选型设计

一、家用空调器所用冷凝器的选型设计

在制冷系统中，冷凝器是一个向外界放热的热交换器。制冷剂自压缩机排气口进入冷凝器后，将热量传递给周围介质（水或空气），制冷剂冷却并凝结为液体，向外界释放的热量来自两部分：其一是制冷剂从低温环境中吸收的热量（即制冷量）；其二是压缩机在压缩过

程中施加给制冷剂的压缩功所转化而成的热量。制冷剂在冷凝器中的放热过程一般可分为三个阶段：第一阶段是由过热的气体冷却降温至饱和气体的过程，此过程属无相变换热；第二阶段是饱和气体逐渐凝结成液体的过程，此过程属凝结相变换热；第三阶段是饱和液体进一步冷却成过冷液体的过程，此过程属无相变换热。

家用空调器所使用的空冷式冷凝器以空气为冷却介质，制冷剂在管内冷凝，空气在管外流动，与管内制冷剂交换热量。由于空气的换热系数较小，管外（空气侧）常常要设置肋片，以强化管外换热。如图1-1所示，空冷式冷凝器由一组或几组带有肋片的蛇管组成。制冷剂蒸气从上部（也可能分几路）进入蛇管，其管外肋片的作用是强化空气侧换热，补偿空气表面传热系数过低的缺陷。冷凝器的类型和结构参数可用微知库 App 扫右侧二维码下载相关资料深入学习。

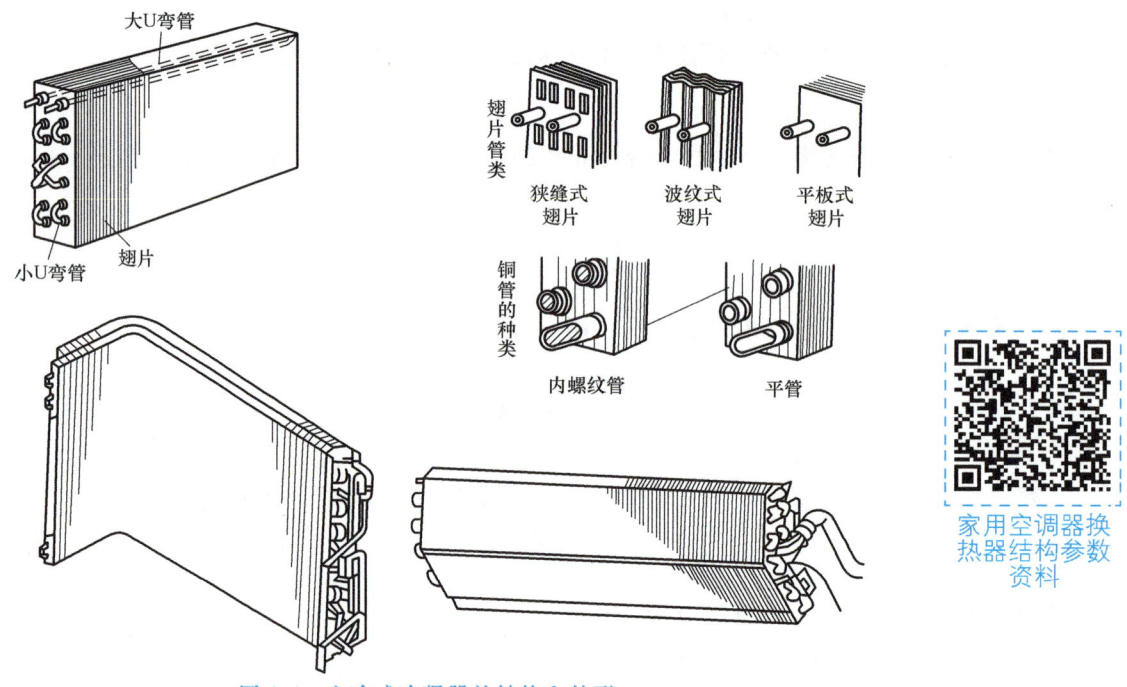

图 1-1　空冷式冷凝器的结构和外形

二、家用空调器蒸发器的选型设计

空气强迫对流式蒸发器是空调器、冷藏器中常用的一种冷却空气用的蒸发器，常称为直接蒸发式空气冷却器。空气用风机输送，空气受迫以 1~3m/s 的流动速度（迎面风速）掠过蒸发管束表面。空气强迫对流式蒸发器的优点是：传热系数高，为自然对流翅片管的 3~5 倍，因此，其结构紧凑；容易调节，能适应负荷的变化；易于实现自动控制。

家用空调器蒸发器的结构形式按管束的形式分为两种，即光管和翅片管（也称肋片管）。目前，光管的空气冷却器已很少使用，只在低温中还有应用。翅片管束形式的蒸发器在空调器、冷冻器和冷藏器中被广泛地应用，在空调器中一般和冷凝器采用同样的规格。

三、家用空调器压缩机的选型设计

目前家用空调器用得最多的是滚动转子式压缩机，一些制冷量较大的空调器也会使用涡旋式压缩机。空调器压缩机的详细介绍资料可用微知库 App 扫右侧二维码自行学习。

以空调器的选型计算为例，在选型计算压缩机时，压缩机的排气压力取 50℃（或以下）对应的饱和压力，吸气压力取 7.2℃（最低至 5℃）对应的饱和压力，压缩机进气管口温度一般为 7~15℃，同时考虑吸气被电动机绕组所加热引起的温升（特别是往复活塞式压缩机及部分涡旋式压缩机制冷剂气体是经电动机绕组后再进入气缸的，而滚动转子式压缩机则大多直接将制冷剂气体吸入气缸，由排气来冷却电动机绕组）。对于直接将制冷剂气体吸入气缸的压缩机，气缸吸气计算温度可直接取吸气管口处温度（7~15℃），而对于制冷剂气体经电动机绕组后再进入气缸的压缩机，气缸吸气计算温度取 25~30℃。上海某空调机厂工程人员曾对直接吸气型压缩机与吸气经电动机绕组后进入气缸的压缩机进行测试，发现直接吸气型压缩机的排气温度比经电动机绕组后进入气缸的压缩机的排气温度低 16℃，估计其进入气缸的温度应相差 12~14℃；然而对直接吸气型压缩机，由于电动机绕组得不到有效冷却，虽然吸气温度较低，容积效率较高，但电动机绕组温度高，电动机效率下降较多。试验测得，直接吸气型压缩机，能效比 EER = 2.38，吸气经电动机绕组后、再进入气缸的压缩机，EER = 2.48。这两类压缩机较易判别，如果壳体电动机部位温度较低，甚至有凝露的，则是吸气经电动机绕组后再进入气缸的；若壳体电动机部位温度较高，感觉烫手，则是直接吸气型压缩机。

空调器压缩机资料

压缩机厂家一般允许用户根据压缩机的蒸发温度、冷凝温度、过冷度和过热度等参数来选择压缩机。因此，在确定了压缩机的相关温度参数后，就可以依据压缩机厂家提供的资料进行选型了。

四、空调器制冷系统其他配件的选型设计

（一）节流元件

1. 毛细管

空调器常采用直径为 0.7~2.5mm、长度为 0.4~6m 的细而长的纯铜管代替膨胀阀，连接在冷凝器与蒸发器之间，作为制冷循环的流量控制与节流降压元件，这种纯铜管被称为毛细管或减压膨胀管。毛细管已被广泛应用，特别是对于小型全封闭式制冷设备，如家用电冰箱、除湿机组和空气调节器等，在较大制冷量的机组中（制冷量达 40kW）也有采用。毛细管的工作原理可用微知库 App 扫右侧二维码学习。

毛细管的工作原理

这里简单介绍毛细管的几种选择方法。

（1）实测法　实测法分为毛细管液体流量测定法和氮气（或者空气）流量测定法两种。

流量测定法是将经过实测和证实符合某一款机型要求的毛细管作为该机型的封样毛细管存放于车间，在采用不同批次的毛细管时，首先测出封样毛细管的流量值，再以此流量值作为生产所用毛细管长度的标定依据。

在大规模生产中，一般采用空气（或氮气）流量测定法，用压缩空气（氮气）进行流量测定。其测定方法：将恒定压力的空气（氮气）通入封样毛细管一端，另一端接入流量计，先测出封样毛细管流过的空气（氮气）流量值，然后按封样毛细管长度截取一段本批次生产用毛细管，弯制成与封样毛细管

电子膨胀阀的结构和工作原理

相同的形状，再进行流量测定。若流量过大，则在此长度的基础上适当增加长度，再截取一段本批次生产用毛细管，不断测试，直至所测流量与封样毛细管流量相等，此时的长度即为本批次毛细管生产时采用的实际长度。流量测量时，也可采用其他流体。

（2）图解法　图解法即在稳定工况下，对某种制冷剂按试验数据作出线图。实际应用时，根据已知的条件，通过线图选择适用的毛细管。一般大型制冷装置设计与制造公司都会对毛细管进行性能测试并绘制经验线图，学习者可以尝试收集相关资料。

毛细管的主要缺点是其调节性能很差，其供液量不能随工况变动而调节。当制冷机工况改变时，引起系统 $p_c(t_c)$ 和 $p_e(t_e)$ 的升高或降低，要求相应地改变毛细管的节流截面，但要实现这一点是不可能的，因此毛细管宜用于蒸发温度变化范围不大、负荷比较稳定的场合。

2. 膨胀阀

热力膨胀阀以蒸发器出口处温度为控制信号，通过感温包将此信号转换成感温包内蒸气的压力，进而控制膨胀阀阀针的开度，达到反馈调节的目的。热力膨胀阀应用在制冷系统中的不足之处：制冷剂流量调节范围小，因为气室薄膜的变形量有限，从而使阀针开度的变化范围较小；允许负荷变动小，不适用于能量调节系统。

电子膨胀阀是通过微型计算机实现制冷系统制冷剂流量的控制，为使制冷装置处于最佳运行状态而开发的新型制冷系统控制器件。电子膨胀阀的应用克服了热力膨胀阀的上述缺点。

电子膨胀阀的组成结构、工作原理和相关选型数据可用微知库 App 扫右侧二维码学习，可据此进行选型。

电子膨胀阀的选型

（二）过滤器和干燥器

1. 过滤器

制冷压缩机的进气口应装有过滤器，以防止铁屑、铁锈等污物进入压缩机，损伤阀片和气缸。膨胀阀等各种调节控制用阀类前也应安装过滤器，以防止污物阻塞阀孔或破坏阀芯的严密性。氟利昂过滤器则采用铜丝网，滤气时的网孔为 0.2mm，滤液时网孔为 0.1mm。

气态制冷剂通过滤网的速度为 1~1.5m/s，液体通过滤网的速度应小于 0.1m/s。

上述流速是设计、选择过滤器直径的依据。

2. 干燥器

制冷系统中不但有污物，还会有水分，这是由于系统干燥不严格以及制冷剂不纯（含有水分）。水能溶解于氟利昂制冷系统中，它的溶解度与温度有关，温度下降，水的溶解度就小。含有水分的制冷剂在系统中循环流动，当流至膨胀阀孔时，温度急剧下降，其溶解度相对降低，于是一部分水分被分离出来停留在阀孔周围，并且结冰堵塞阀孔，严重时不能向蒸发器供液，造成故障。同时，水长期溶解于制冷剂中会分解而产生盐酸等，不但腐蚀金属，还会使冷冻油乳化，因此要利用干燥器将制冷剂中的水分吸附干净。

干燥器应装在氟利昂制冷系统膨胀前的液管上，或装在充注液态制冷剂的管上，也可以与过滤器结合，装设干燥过滤器。干燥过滤器内的过滤网中装有粒径为 3~5mm 的硅胶，使用后的硅胶还可以加热（约 200℃）去潮，再生后重复使用。近年来已开始用分子筛作为干燥剂，它的吸附力比硅胶强，特别是在低浓度下仍有较高的吸附能力。

流体通过干燥层的流速应小于 0.03m/s。此流速是设计、选择干燥器直径的依据。当制冷系统蒸发温度高于 0℃（如单冷型空调器）时不用设置干燥器；小型的 R22 系统也可不装设干燥器（由于 R22 吸水性不强，目前行业工艺水平能保证系统中含水量极少，故一般小型的冷暖型空调器也不装干燥器），或仅在充灌氟利昂时使其一次通过干燥器；而 R134a、R407C、R410A 等新冷媒系统，一般为稳妥起见，都应采用干燥器。

（三）四通阀的选型

四通阀是热泵型机组的重要部件，可用于冷暖型空调的制冷与制热的转换，如热泵热水器的冬季除霜等都需要四通阀。四通阀的结构、工作原理和选型方式可用微知库 App 扫右侧二维码自行学习。

（四）压缩机排气消声器

由于压缩机排气是不连续的，其不连续性在往复活塞式压缩机中最为严重，在滚动活塞式压缩机中次之，而在涡旋式压缩机中较轻微。在一般的制冷机组中，大部分情况下，无需排气消声器，然而在家用热泵系统中，由于工作时高、低压差较大，压缩机有时会有"嗡嗡"的低沉噪声，在噪声水平要求较高的情况下，需加排气消声器，一般推荐采用直径为入口管径 20~30 倍的罐体，罐长一般为 100~150mm。

（五）制冷剂充注量的确定

制冷剂充注量对系统性能的影响如图 1-2 和图 1-3 所示。

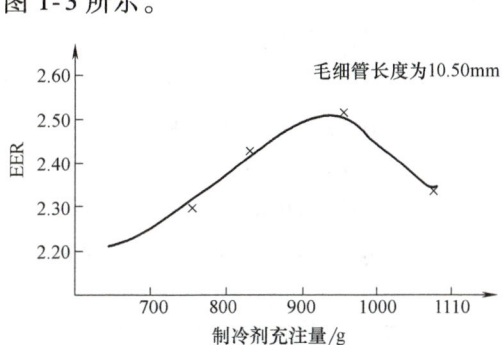

图 1-2　制冷量随制冷剂充注量和毛细管长度 L 的变化　　图 1-3　制冷剂充注量与能效比（EER）的关系

许多学者对小型制冷装置制冷剂充注量的确定进行过研究，并得出如下结论。

1）制冷剂在制冷系统中，主要以两相和单相的方式存在，可分别予以计算。

2）两相流体主要存在于蒸发器、冷凝器的相变换热区，以及节流后的连接管道区，系统中大部分制冷剂在两相区。

3）单相气态制冷剂存在于压缩机内、压缩机排气口到冷凝器入口、冷凝器入口到被冷却至饱和蒸气段、蒸发器内干蒸气到过热蒸气段，以及蒸发器出口到压缩机吸入口。

4）单相液态制冷剂存在于冷凝器饱和液体到过冷液体管段，以及到节流机构前的连接管路。

5）由于制冷剂气、液态密度相差较大，从质量上讲，液态段的制冷剂是单相制冷剂充注量的主要部分。

6）单相低压气态制冷剂由于密度太小，故可忽略不计。

目前制冷剂充注量的计算方法主要有空泡系数法和内容积估算法两种。工程上常用后者，即采用制冷剂充注量占系统各设备内容积百分比的方法来估算总的制冷剂充注量。

一般机组总的制冷剂充注量等于其高压侧、低压侧各管道、液管以及换热器等部件的制冷剂充注量之和。

品牌厂家的几款采用翅片管换热器的空调的抽取数据，见表1-8。

表1-8 几款空调器的制冷剂充注量及内容积

品　　牌	美的（一）	科龙	美的（二）	格兰仕	美的（三）	美的（四）	美的（五）
制冷量/W	2300	2500	3200	3500	5000	7500	12000
冷凝换热管 直径×长度×根数	φ7.94mm× 740mm×40	φ9.52mm× 790mm×40	φ7.94mm× 740mm×20	φ9.52mm× 740mm×40	φ9.52mm× 640mm×44	φ9.52mm× 830mm×32	φ9.52mm× 890mm×36
冷凝器内容积/L	0.619	0.97	0.619	1.67	1.74	1.64	1.98
蒸发器换热管 直径×长度×根数	φ7.94mm× 620mm×16	φ7.0mm× 650mm×24	φ7.0mm× 710mm×24	φ7.0mm× 600mm×22	φ7.0mm× 335mm×58	φ7.94mm× 380mm×74	φ7.0mm× 420mm×92
蒸发器内容积/L	0.415	0.502	0.548	0.424	0.615	1.15	1.24
标称制冷剂 充注量/kg	0.6	0.75	0.75	1.12	1.0	1.3	1.6

对于常用换热器的制冷系统，可用下式来计算各部件中的制冷剂充注量，即

$$M = CV\rho$$

式中　M——制冷剂充注量（kg）；

　　　C——充满度，见表1-9；

　　　V——部件的内容积（m^3）。

　　　ρ——液态制冷剂的密度（kg/m^3）。

表1-9 氟利昂制冷系统中液体制冷剂在各部分的充满度 C

设备名称		充满度 C
蒸发盘管（热力膨胀阀供液）		盘管容积的25%
壳管式蒸发器	满液式	壳侧容积的80%
	干式	传热管容积的25%
壳管式冷凝器		盘管容积的10%，壳侧容积的50%
冷凝蒸发器		高温侧壳体容积的50%，低温侧盘管容积的25%
回热热交换器		盘管容积的100%
液管		管道容积的100%

知识点四　家用空调器的概算选型设计法

前面的内容更多的是以目前相对较为精确的计算公式和严谨的计算过程对制冷系统的设计计算进行了阐述，然而计算过程过于复杂，难以快速地得到计算结果，不利于产品实际开发工作的快速推进。而采用概算的办法先快速设计出初步样机，再在初步样机的基础上进行性能匹配试验，根据试验数据进行调整是目前制冷系统设计的常用办法。

概算设计是根据目前的单个制冷器件性能水平进行归纳总结后得出的大致设计计算式，其结果的误差较大，必须有后续的试验匹配工作以进行完善和调整；同时概算法中采用的经验数据与方法只能针对制冷行业中某一细分特定行业或产品，一般不能推广到其他行业或产品，比如空调器的压缩机的概算选型就不能用于电冰箱和饮水机。

本书介绍家用房间空调器的概算方法。

一、压缩机的概算

压缩机厂商的技术说明书中都有名义制冷量，然而由于在具体的产品中，压缩机的实际工况与压缩机的名义制冷量的测试工况有区别，因此一般应进行调整。

通常在压缩机选型时，可按空调器的额定制冷量的 1.1~1.2 倍来选择相应的压缩机，往复式压缩机取大值，涡旋式压缩机取小值，转子式压缩机介于两者之间。大机组取大值，小机组取小值。如要设计一款制冷量为 2500W 的空调器，则可选择名义制冷量为 2800~3000W 的压缩机。

二、冷凝器的概算

1. 冷却介质流量

当冷却介质为空气时，其流量大小应综合考虑下面两个因素。

（1）冷凝温度 空气流量越大，冷凝温度越低，冷凝压力越低，整机能效比及制冷量越高。

（2）噪声 空气流量越大，噪声越大。

目前，一般空气流量按 $450~600 m^3/(h \cdot kW$ 制冷量$)$ 来选取，冷凝器较大时，空气流量可取较小值，而冷凝器较小时，空气流量取较大值；对于小机组取大值，大机组取小值。

家用空调器冷凝器通常采用翅片管式风冷冷凝器，而在热泵热水器中，冷凝侧为水冷式冷凝器（制取热水）。此时，按管内流速为 1~2m/s 选取，管径大时，流速取大值，管径小时，流速取小值；循环型热水机水流量一般按 5℃ 温升来选取。

2. 冷凝器换热面积

对于单冷型空调器，只需计算冷凝时的换热面积即可，而对于冷暖型空调器，由于制热时冷凝侧转换为蒸发侧，因此在计算出冷凝器（更为准确的称谓应是室外热交换器）的面积后，还需进行制热蒸发时的换热面积校核。

一般单冷型空调器的翅片管（内螺纹管、冲缝片）冷凝器管外壁换热面积，可按 $0.2~0.25 m^2/(kW$ 制冷量$)$ 计算，管径大时取大值，管径小时取小值；而冷暖型空调器的室外换热器换热面积应取单冷型冷凝器面积的 1.2~1.5 倍；若采用光管平片翅片管换热器，其换热面积需在内螺纹管冲缝片的基础上加大 60%~80%。

热泵热水机的水冷式冷凝器换热管面积可取 $0.4~0.5 m^2/(kW$ 制冷量$)$，管径大时取大值，管径小时取小值。

三、蒸发器

1. 空气流速

目前，家用空调器的平均迎面风速一般为 0.5~2.0m/s，挂壁式空调器由于噪声水平要求高，因而取小值，而落地式空调器由于允许噪声略高些，因此可取较大值；挂壁式空调器风叶是将空气吸过蒸发器的，蒸发器处于吸风侧，因而风速分布较为均匀；而绝大部分落地式空调器风叶是将空气吸入再吹过蒸发器的，蒸发器布置在上方，位于出风侧，因而风速分布很不均匀。图 1-4 所示是某分体挂壁式空调器蒸发器表面的风速分布。图 1-5 所示是某分体落地式空调器蒸发器的风速分布。对比两者，可见挂壁式空调器的蒸发器风速分布远好于落地式。然而近年来，出于美观及家居装饰的需要，许多挂壁式室内机的正前方面板不再设进风框，而改成了一些生动典雅的画面面板，这种改动从性能上会使挂壁式空调器的蒸发器风速分布更不均匀。表 1-10 是目前市场上常见家用空调器的风量范围。

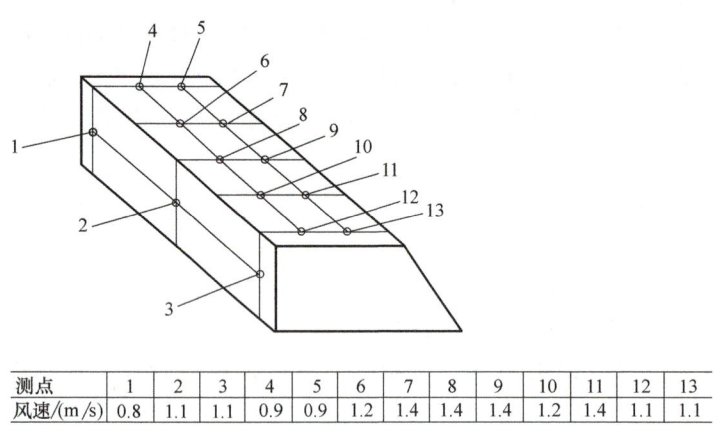

测点	1	2	3	4	5	6	7	8	9	10	11	12	13
风速/(m/s)	0.8	1.1	1.1	0.9	0.9	1.2	1.4	1.4	1.4	1.2	1.4	1.1	1.1

图 1-4　某分体挂壁式空调器蒸发器表面的风速分布

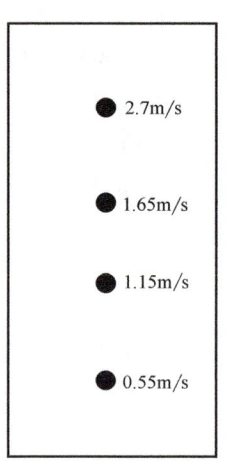

图 1-5　某分体落地式空调蒸发器的风速分布

表 1-10　常见家用空调器的风量范围

空调器室内机型号	KF-25G	KF-35G	KF-50L	KF-75L	KF-120L
风量/(m³/h)	360~430	430~500	680~750	900~1200	1600~1800

2. 蒸发器面积大小

蒸发器面积大小与管径有关，管径越小，所需的换热面积也就越小。这是因为，无论是沸腾相变换热还是无相变的对流换热，小管径换热管的换热系数都高于大管径换热管。目前，家用空调器的蒸发器换热管大部分都已采用 M7×0.3 的内螺纹换热管与冲缝片，此时换热管外壁面积一般取 $0.1 \sim 0.15 \mathrm{m^2/(kW}$ 制冷量$)$。

四、毛细管

毛细管的概算可采用图表法或经验值法来进行。

五、制冷剂充注量

制冷剂充注量可采用公式法来求解。

概算法对设计人员的工作经验和元器件技术水平依赖度很高，它只是对现有产品技术水平的一种大概的归纳总结而形成的经验数据与公式，只适用于对已有产品在基本结构不变、布置方式不变的情况下进行型谱规格的扩展性设计，不适用于对全新产品的设计。对于无工作经验的设计人员，由于对元器件性能认识不深，也难以准确把握概算中的数据取值，须慎重采用。

任务实例

设计一制冷量 Q_e = 2.5kW 的挂壁式空调器，制冷剂采用 R22。

1. 压缩机选型

压缩机名义制冷量 Q_n 为

$$Q_n = K_{com} Q_e$$

式中，K_{com} = 1.1~1.2。

当选择滚动转子式压缩机时，K_{com} 取 1.15，因此有

$$Q_n = 1.15 \times 2.5 \text{kW} = 2875 \text{W}$$

根据此名义制冷量，可选上海日立 SG167SV-B6CT 压缩机，电源规格为 220V/50Hz，此压缩机名义制冷量为 2770W，略偏小，因此后续的换热器需略大些，以弥补制冷量的不足。

2. 冷凝器及风量

冷凝器风量：根据前述，可取 $600 \times 2.5 \text{m}^3/\text{h} = 1500 \text{m}^3/\text{h}$。

冷凝器选择 M7.94×0.35 的内螺纹铜管，冲缝铝翅片，片距为 1.6mm，管间距为 22mm，则每米换热管的管外壁面积 f 为

$$f = 3.14 \times 0.00794 \text{m}^2/\text{m} = 0.025 \text{m}^2/\text{m}$$

换热管外壁总面积 F 的计算公式为

$$F = K_c Q_e$$

式中，K_c = 0.2~0.25。由于采用的冷凝器管径较小，因此可取 K_c = 0.22，但如前述，压缩机已偏小，因此为稳妥起见，此处取 K_c = 0.25。则

$$F = 0.25 \times 2.5 \text{m}^2 = 0.625 \text{m}^2$$

换热管长 L 为

$$L = F/f = (0.625/0.025) \text{m} = 25 \text{m}$$

若按每根长 U 管的长度 l = 0.625m×2 = 1.25m 计，则需长 U 管的根数 N 为

$$N = 25/1.25 = 20$$

若设计成单排冷凝器，势必使冷凝器高度很高，使得室外机宽高比例不够美观，外机高为 880mm 左右。因此，可设计成双排的冷凝器，每排 10 根长 U 管，这样，总管数为 20 根。此时，冷凝器高度 H 为

$$H = 管间距 \times 2 \times 单排长 U 管数$$
$$= (22 \times 2 \times 10) \text{mm} = 440 \text{mm}$$

3. 蒸发器及风量

（1）蒸发器风量　根据前述表 1-10 中数据，取风量为 400m³/h。

（2）蒸发器换热面积　蒸发器选择内螺纹管、冲缝片，换热管为 M7.0×0.3 的内螺纹管，片距为 1.4mm，双排，管间距为 21mm。蒸发器外壁总面积 F 的计算公式为

$$F = K_e Q_e$$

式中，K_e = 0.1~0.15，取 K_e = 0.12，则

$$F = 0.12 \times 2.5 \text{m}^2 = 0.3 \text{m}^2$$

每米换热管外壁面积 f 为

$$f = 3.14 \times 0.007 \text{m}^2/\text{m} = 0.022 \text{m}^2/\text{m}$$

则需管长 L 为

$$L = F/f = (0.3/0.022) \text{m} = 13.6 \text{m}$$

若按每根蒸发器换热管长 U 管的长度 $l = 0.6 \text{m} \times 2 = 1.2 \text{m}$ 计,则需换热管的根数 N 为

$$N = 13.6/1.2 = 11.4$$

取整为 12,按双排设计,每排 6 根长 U 管,则蒸发器高度 H 为

$$H = (21 \times 2 \times 6) \text{mm} = 252 \text{mm}$$

4. 制冷剂量

冷凝器内容积 V_c 为

$$V_c = (\pi d_i^2/4)L = (3.14 \div 4 \times 0.0072 \times 0.0072 \times 25 \times 1000) \text{L} = 1.02 \text{L}$$

蒸发器内容积 V_e 为

$$V_e = (\pi d_i^2/4)L = (3.14 \div 4 \times 0.0064 \times 0.0064 \times 13.6 \times 1000) \text{L} = 0.437 \text{L}$$

制冷剂量 M 为

$$M = 0.189 + 0.366 V_c + 0.493 V_e$$
$$= (0.189 + 0.366 \times 1.02 + 0.493 \times 0.437) \text{kg} = 0.77 \text{kg}$$

5. 毛细管规格

毛细管选择结果如下:
1) 若选用内径 $d_i = 1.56 \text{mm}$ 的毛细管,则其长度 $L = 450 \text{mm}$。
2) 若选用内径 $d_i = 1.6 \text{mm}$ 的毛细管,则其长度 $L = 600 \sim 650 \text{mm}$。
3) 若选用内径 $d_i = 1.7 \text{mm}$ 的毛细管,则其长度 $L = 1100 \text{mm}$。

任务实施、评分与反馈

1. 任务实施

1) 学习任务实例,并依据任务实例完成设计任务。
2) 撰写设计说明书。空调器设计说明书范例可用微知库 App 扫右侧二维码获得。

空调器设计说明书范例

2. 检测评分

将任务完成情况的检测与评分填入表 1-11 中。

表 1-11 家用空调器设计方案制订的检测评分表

序号	检测项目	检测内容及要求	配分	学生自检	学生互检	教师检测	得分
1	职业素养	文明礼仪	5				
2		安全纪律	10				
3		行为习惯	5				
4		工作态度	5				
5		团队合作	5				

(续)

序号	检测项目	检测内容及要求	配分	学生自检	学生互检	教师检测	得分
6	设计方案制订	对标准规范的理解	5				
7		对设计要求的理解	5				
8		设计方案的合理性	10				
9		设计方案的先进性	5				
10	空调器的选型设计	计算完整性	5				
11		计算准确性	10				
12	设计说明书撰写及汇报	说明书的撰写	15				
13		设计汇报	15				
综合评价							

3. 任务反馈

在任务完成过程中，是否存在表 1-12 中的问题，了解其产生的原因并解决问题。

表 1-12　家用空调器选型设计中存在的问题

存在问题	产生原因	解决措施
空调器设计所选配的零部件以及预测性能与市场成熟产品相差较大	1. 对热力计算所选取的关键参数选择有误	
	2. 基于热力计算所选配的零配件型号不对	

思考与练习

任务一拓展作业

完成下列习题，并用微知库 App 扫右侧二维码完成拓展作业。
1. 空调器的能效标准有哪些？国内标准和国际标准有什么区别？
2. 空调器运行的关键参数如何设定？这些关键参数在空调器的性能测试中有什么意义？
3. 空调器的主流制冷剂有哪些？它们有什么特点？
4. 空调器的性能测试项目有哪些？

任务二　家用电冰箱的选型设计

任务描述

家用电冰箱的设计理念和思路与家用空调器相似，但由于电冰箱的制冷系统比较小，所以对设计精度的要求更高。同时，由于电冰箱多了一个箱体的设计，因此设计电冰箱必须要更多地考虑加工工艺对性能的影响，这部分内容会在后续项目中重点阐述。

本任务要求设计一款适合于广东地区（亚热带气候）的 200L 双门直冷式电冰箱，其中冷冻箱容积为 60L，冷藏箱容积为 140L，能效级别要求 1 级，制冷剂的使用符合国家标准和要求。

知识目标

> 掌握家用电冰箱设计的基本流程和方法。
> 掌握家用电冰箱热力参数确定的和热力计算方法。
> 掌握依据热力计算选配家用电冰箱零配件的方法。

技能目标

> 熟练使用工具对家用电冰箱进行拆装和测试。

知识准备

家用电冰箱的结构可用微知库 App 扫右侧二维码了解。

直冷式电冰箱结构展示动画

家用电冰箱的设计开发过程与家用空调器的设计开发过程有很多相似之处，学习者可以和前述 2 任务一的内容进行比较。事实上，基本所有的制冷装置设计开发过程都比较相似，学习者在完成这个任务后，可以尝试其他类型制冷装置的设计与开发，比如，热泵热水器的开发。您会发现，热泵热水器的设计实际上是家用空调器和家用电冰箱的复合。

风冷式电冰箱结构展示动画

知识点一　家用电冰箱制冷系统的参数选取

1. 冷凝温度 t_k

冷凝温度一般取决于冷却介质的温度以及冷凝器中冷却介质与制冷剂的传热温差，传热温差与冷凝器的冷却方式和结构有关。电冰箱大多采用空气自然对流冷却方式，制冷剂的冷凝温度等于外界空气温度（即环境温度）加上冷凝传热温差。冷凝传热温差一般取 10~20℃，冷凝器的传热性能好，可适当取小的数值，例如采用风速为 2~3m/s 的风冷却时，传热温差 ΔK 值可取 8~12℃。

2. 蒸发温度 t_0

蒸发温度一般取决于被冷却物体的温度以及蒸发器中制冷剂与被冷却物体的传热温差。电冰箱的蒸发温度等于箱内温度减去传热温差，一般传热温差宜取 5~10℃，如采用风冷却式（间冷式）时传热温差可取 5℃，箱内温度一般参照星级要求选取。

3. 回气温度 t_G

回气温度（即过热温度）取决于蒸气离开蒸发器时的状态和回气管的长度。电冰箱采用全封闭压缩机，一般以进入壳体的状态为吸气状态，可根据压缩机标定的工况选取，该值越低对压缩机运行越有利。一般回气温度要小于或等于环境温度，即进入压缩机前的回气管温用手摸一般有凉的感觉，或者有微微凝露，但不应该有结霜。制冷剂进入压缩机后，由于电动机加热，吸入气缸前过热蒸气温度可达 60℃左右。

4. 过冷温度 t_s

过冷温度取决于液体制冷剂在回气管中进行热交换的程度。冷凝后的制冷剂在冷凝器末端已达到环境温度值，再与回气管进行热交换得到冷却。一般过冷温度等于环境温度减去过冷度，过冷度可取 15~32℃。

综合上述,可以确定出电冰箱制冷系统的设计工况。某电冰箱(制冷剂为 R600a)制冷系统的额定工况见表 1-13。

表 1-13 某电冰箱制冷系统的额定工况

工况参数	冷凝温度 t_k/℃	蒸发温度 t_0/℃	回气温度 t_G/℃	过冷温度 t_s/℃
设计值	54.4	−23.3	18 (60)	17
参数来源	$t_k = 32℃ + 22.4℃$,即环境温度加上冷凝传热温差	$t_0 = -18℃ - 5.3℃$,即冷冻箱体要求温度减去蒸发传热温差	蒸气进入压缩机壳体前回气管温,括号内为压缩机吸入气缸前的过热蒸气温度	$t_s = 32℃ - 15℃$,即环境温度减去过冷度

将这些参数在压-焓(p-h)图上进行标示,如图 1-6 所示。

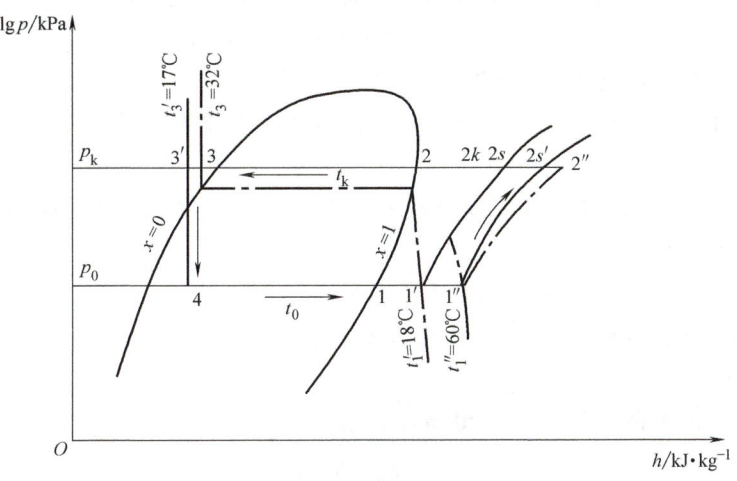

图 1-6 某电冰箱制冷系统压-焓图

图 1-6 中所示状态点是理想状态的工况点,与实际运行可能不是很吻合,但具有一定的参考价值。

知识点二 家用电冰箱制冷循环的热力计算

一、理论制冷循环

1. 单位制冷量 q_0(kJ/kg)

蒸气压缩制冷循环单位制冷量 q_0 可按下式计算,即

$$q_0 = h_1 - h_4 \tag{1-11}$$

式中 h_1——制冷剂出蒸发器时的焓值(kJ/kg);

h_4——制冷剂进蒸发器时的焓值(kJ/kg)。

由式(1-11)可知,制冷剂的汽化热越大,或节流所形成的蒸气越少,则循环的单位制冷量就越大。

2. 单位容积制冷量 q_V（kJ/m³）

$$q_V = q_0/\nu_1 = \frac{h_1 - h_4}{\nu_1} \tag{1-12}$$

式中　ν_1——制冷剂蒸气在压缩机吸入口处的比体积（m³/kg）。

为了制取一定的制冷量，若选用 q_V 大的制冷剂，则压缩机需要提供的输气量就小。循环的单位容积制冷量不仅随制冷剂的种类而变，而且还随压缩机的吸气状态而变。对某一具体的制冷剂来说，简单理想循环的蒸气比体积 ν_1 随蒸发温度（或蒸发压力）的降低而增大。若冷凝温度已经确定，则单位容积制冷量 q_V 将随蒸发温度的降低而变小。

3. 单位理论比功 W_0（kJ/kg）

在简单理想循环中，制冷压缩机输送单位质量（1kg）制冷剂所消耗的功，称为单位理论比功。由于制冷剂在节流过程中不对外做功，因此，压缩机所消耗的理论比功即等于循环的理论比功。对于单级蒸气压缩制冷机简单理想循环来说，理论比功可表示为

$$W_0 = h_2 - h_1 \tag{1-13}$$

式中　h_2——制冷剂压缩终了时的焓值（kJ/kg）。

单级蒸气压缩制冷理论比功也是随制冷剂的种类和制冷循环的工质温度而变化的。

4. 单位冷凝热 q_k（kJ/kg）

单位质量（1kg）制冷剂蒸气在冷凝器中放出的热量，称为单位冷凝热。单位冷凝热包括显热和潜热两部分，即

$$q_k = (h_2 - h_3) + (h_3 - h_4) = h_2 - h_4 \tag{1-14}$$

式中　h_3——制冷剂出冷凝器时的焓值（kJ/kg）。

5. 制冷系数 ε_0

对于单级蒸气压缩制冷机简单理想循环，制冷系数 ε_0 为

$$\varepsilon_0 = \frac{q_0}{W_0} = \frac{h_1 - h_4}{h_2 - h_1} \tag{1-15}$$

在冷凝温度和蒸发温度给定的情况下，制冷系数越大，表示循环的运行经济性越好。由于 q_0 和 W_0 都随循环的工作温度而变化，冷凝温度越高，蒸发温度越低，则制冷系数越小。

6. 热力完善度 η

单级蒸气压缩制冷机简单理想循环的热力完善度 η，按定义可表示为

$$\eta = \frac{\varepsilon_0}{\varepsilon_c} \tag{1-16}$$

式中，ε_c 为在蒸发温度 t_0 和冷凝温度 t_k 之间的逆卡诺循环的制冷系数。热力完善度越大，说明该循环接近可逆循环的程度越大。制冷系数和热力完善度都是用来评价循环经济性的指标，但是它们的意义是不同的。制冷系数是随循环的工作温度而变化的，因此只能用来评定相同热源温度下循环的经济性。而对于不同温度下工作的制冷循环，需要通过热力完善度的数值大小（接近1的程度）来判断循环的经济性。

二、实际制冷循环

实际循环和理想循环有许多不同之处，主要有下列一些差别。

1. 压缩机中的工作过程

在压缩过程中，理论上的气体压缩过程是等熵绝热压缩。实际上进入压缩机的气体温度低于气缸内温度，进气开始时，气缸体的热量传给气体。到压缩终点时，气体温度高于气缸温度，向气缸体散发热量。因此，实质上的压缩过程是一种压缩指数在变化的"多变压缩过程"，而且在压缩机的工作过程中还存在因压缩机气缸内有余隙容积而造成的余隙损失、气体流过气阀时的压力损失、压缩机各运转部件之间克服摩擦阻力造成的摩擦损失，还有由于压差存在和密封条件所造成的泄漏损失等损失。

2. 流动过程中存在阻力

（1）吸入管道　制冷剂从吸入管道中流过时，必定存在流动阻力。这一阻力损失引起的压力降，直接造成压缩机吸气压力的降低，对实际循环的性能有重大影响。这种影响表现为压缩机吸入口的吸气比体积增大，压缩机的压缩比增大，单位容积制冷量减少，压缩机容积效率降低，比压缩功增大，制冷系数下降。

（2）排出管道　与吸入管道一样，排出管道上的压力降会导致压缩机的排气压力升高，从而使压缩机的压缩比增大，容积效率降低，制冷系数下降。在实际工作中，由于这一阻力降相对于压缩机的吸、排气压力差要小得多，因此它对系统性能的影响比吸气管道阻力对系统性能的影响要小。

（3）液体管道和两相管道　由于液体管道中液体流速较气体流速要小得多，因而阻力较小。而两相管道通常距离较短，而且由它引起的压力降对系统性能几乎没有影响。

（4）蒸发器　在讨论蒸发器中的压降对循环性能的影响时，必须注意到它的比较条件。如果假定不改变制冷剂出蒸发器时的状态，为了克服蒸发器中的流动阻力，必须提高制冷剂进蒸发器时的压力，即提高开始蒸发时的温度。由于节流前后焓值相等，又因为压缩机的吸入状态没有变化，故制冷系统的性能没受到什么影响。它仅使蒸发器中的传热温差减少，要求传热面积增大而已。

如果假定不改变蒸发过程中的平均传热温差，出蒸发器时的制冷剂压力稍有降低，其结果与吸入管道阻力引起的结果一样。

（5）冷凝器　假定出冷凝器的压力不变，为克服冷凝器中的流动阻力，必须提高进冷凝器时的压力，其结果与排出管道阻力引起的结果一样。

3. 系统与环境间存在漏热

无论是制冷系统的高温部分还是低温部分，它们与环境之间总存在温差，因而不可避免地要与环境进行热交换，产生漏热。除压缩机、排出管道、冷凝器和液体管道这些高温部分的漏热，对制冷系统无不利的影响外，其余漏热对系统性能都将产生不利的影响。显然，两相管道和蒸发器的漏热是制冷量的直接损失，使系统的制冷量降低，能耗提高。因此，在实际系统中，应该尽量减少这些漏热。

图1-7表示了实际循环的 T-s 图和 $\lg p$-h 图。图中，5-6为实际蒸发过程，它与被冷却物质之间存在温差。同时，由于热交换器中有流动损失，使制冷剂在蒸发器内有压力降，因此5-6是一条向右下方倾斜的直线。6-1_s是蒸发器至压缩机开始压缩前这一过程中的压力和温度变化。为了表达清楚起见，把6-1_s过程看作制冷剂先由点6等压过热至状态点a，然后等熵节流至1_s。压缩过程1_s-2_s是在气缸内进行的，压缩终了的气体状态为2_s。由气缸内的点2_s排到冷凝器时的过程，也是一个有压力降低和温度降低的过程，图中2_s-b表示排气过

程的冷却情况，b-c 表示排出管道中的压降。c-3-4 表示在冷凝器中的冷却和冷凝过程。在这一过程中，由于有流动阻力损失，因此压力是渐渐降低的，冷凝温度 T_k 也是变化的，同时与冷却介质（如水、空气）之间存在着变化的温差 ΔT。4-5 是实际的节流过程，也是一个与环境介质有热交换的过程，过程前后焓值也稍有变化。

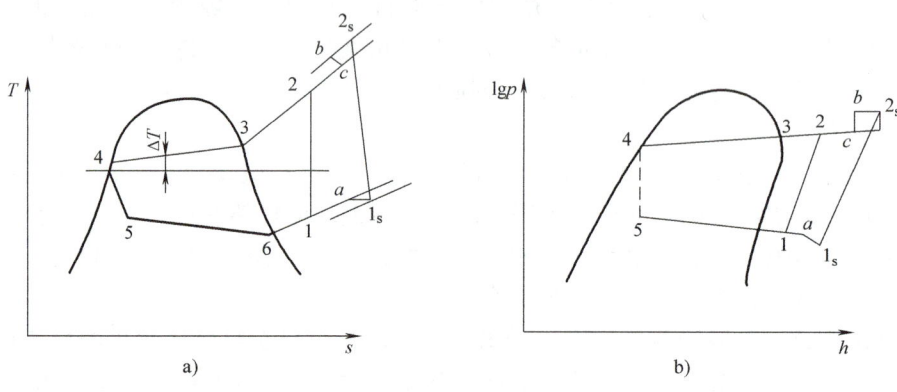

图 1-7　实际循环图
a) $T\text{-}s$ 图　b) $\lg p\text{-}h$ 图

对于实际制冷循环的热力计算，很难进行准确计算，需要结合实际系统具体计算和分析，因此实际设计中大多依照理论制冷循环进行参数的确定和计算。

知识点三　家用电冰箱制冷系统的选型设计

一、家用电冰箱的箱体设计

电冰箱箱体由外箱壳、内胆和绝热层组成，而箱门体由门壳、绝热材料、门内衬、磁性门封条、门铰链和手柄等组成。外箱与内胆之间填充的隔热材料用来降低漏热。箱体使用的材料及涂层除满足结构设计的强度要求之外，还要求无毒、无气味、防霉菌、耐弱酸、耐弱碱以及耐潮湿空气的腐蚀等。非金属材料应耐低温、不产生收缩变形和开裂等。隔热材料应不吸水、隔热性能良好等。除制冷系统外，箱体的保温和箱门的密封性是电冰箱制冷效果好坏的关键。箱体的热损失主要表现为两个方面：一方面是箱体绝热层的热损失，占总热损失的 80%~85%；另一方面是箱门和门封条的热损失，占总热损失的 15%~20%。为了保证电冰箱箱体的绝热性能，箱外壁与内胆之间绝热层的厚度一般控制在 40~70mm，通常采用硬质聚氨酯泡沫塑料。为了防止从箱门与箱体贴合处泄漏冷气，箱门四周均采用软质聚氯乙烯门封条，在封条内插入塑料磁条，再用螺钉压板固定在箱门上。塑料磁条的磁力将门与箱体外壳紧紧吸合，对电冰箱的绝热起着重要的作用。门封条阻止箱体内、外空气的对流，所以如果门封条材料老化或箱体门框有裂缝，就会造成箱内、外空气的对流，从而导致热损失。

电冰箱保温层厚度是设计的重点，关键是产品的成本与性能，而保温层的设计需要考虑的因素包括：①不同的市场和不同的能耗要求；②产品的不同风格和设计特点；③市场对发泡料的限制条件；④产品成本的综合对比选择；⑤产品的市场要求——全球性、区域性、特殊客户；⑥产品的未来发展考虑。

1. 电冰箱箱体尺寸确定

立式电冰箱箱体，首先根据内容积确定宽深比例，一般选为正方形或矩形，其比例不超过 1∶1.3，双侧门柜式箱体的宽深比为 1∶0.65 左右。总体高度以放置稳定和箱内储放食品方便为原则。表 1-14 给出了电冰箱内容积和外形尺寸范围。

表 1-14 电冰箱内容积和外形尺寸范围

内容积/L	外形尺寸/mm		
	宽	深	高
50~100	450~480	470~530	480~1000
100~150	480~530	530~650	900~1200
150~200	530 左右	650 左右	1200~1500
200~300	530~610	640~720	1500~1700
300~400	700~850	600~720	1600~1700
400~600	750~1000	650~720	1700~1800

设计箱体的绝热层时，可预先参照国内外电冰箱的有关资料设定其厚度。表 1-15 为某电冰箱的绝热层厚度。

表 1-15 某电冰箱的绝热层厚度

冷冻室顶层厚度	冷冻室侧面厚度	冷冻室背面厚度	冷冻室门体厚度	冷冻室底面厚度
0.1m	0.072m	0.072m	0.053m	0.05m
冷藏室顶层厚度	冷藏室侧面厚度	冷藏室背面厚度	冷藏室门体厚度	冷藏室底面厚度
0.05m	0.053m	0.053m	0.053m	0.05m

2. 电冰箱的凝露校核计算

采用了某一厚度时，需要对厚度进行校核计算，校核的依据就是不能出现凝露。

校核计算首先要计算出箱体表面温度。如果箱体外表面温度 t_w 低于露点温度，则会在箱表面上发生凝露现象，因此箱体表面温度 t_w 必须高于露点温度 t_d，最低限度 $t_w > 0.2℃ + t_d$。

达到稳定传热状态后的表面温度 t_w 可以由式（1-17）计算

$$t_w = t_1 - \frac{\kappa}{\alpha_1}(t_1 - t_2) \tag{1-17}$$

式中　t_w——箱体外表面温度（℃）；

　　　t_1——箱外空气温度（℃）；

　　　t_2——箱内空气温度（℃）；

　　　α_1——箱外空气对箱体外表面的表面传热系数 [W/(m²·K)]；

　　　κ——传热系数 [W/(m²·K)]。

按照 GB/T 8059.1—1995 的规定，电冰箱在进行凝露试验时，规定亚温带型（SN）、温带型（N）电冰箱的露点温度为 19℃±0.5℃，亚热带型（ST）、热带型（T）电冰箱的露点温度为 27℃±0.5℃。

在箱体表面温度高于露点温度的前提下，计算箱体的漏热量 Q_1（W），并用下式校验绝热层的厚度 δ（m）。即

$$\delta = \frac{\lambda A(t_{w1}-t_{w2})}{Q_1} \tag{1-18}$$

式中　t_{w1}——箱外壁温度（℃）；
　　　t_{w2}——箱内壁温度（℃）；
　　　λ——绝热层的热导率[W/(m·K)]；
　　　A——传热面积（m²）。

将计算所得的厚度在设定厚度的基础上进行修正，反复计算，直到合理为止。

二、家用电冰箱热负荷计算

热负荷在电冰箱设计中是一个重要参数，它与电冰箱的箱体结构、电冰箱的内容积、箱体绝热层的厚度和绝热材料的优劣等因素有关。

热负荷包括：箱体漏热量 Q_1、开门漏热量 Q_2、贮物热量 Q_3 和其他热量 Q_4。即

$$Q = Q_1+Q_2+Q_3+Q_4 \tag{1-19}$$

1. 箱体漏热量 Q_1

箱体漏热量包括通过箱体隔热层的漏热量 Q_a、通过箱门和门封条的漏热量 Q_b 以及通过箱体结构形成热桥的漏热量 Q_c。即

$$Q_1 = Q_a+Q_b+Q_c \tag{1-20}$$

（1）箱体隔热层的漏热量 Q_a　由于箱体外壳钢板很薄，而其热导率 λ 值很大，所以热阻很小，可忽略不计。内壳多用 ABS 或 HIPS 塑料板真空成型，最薄的四周部位厚度只有 1.0mm。塑料热阻较大，可将其厚度一起计入隔热层，因此箱体的传热可视为单层平壁的传热过程。即

$$Q_a = \kappa A(t_1-t_2) \tag{1-21}$$

式中　A——箱体外表面面积（m²）。

传热系数 κ [W/(m²·K)] 为

$$\kappa = \frac{1}{\frac{1}{\alpha_1}+\frac{\delta}{\lambda}+\frac{1}{\alpha_2}} \tag{1-22}$$

式中　α_1——箱外空气对箱体外表面的表面传热系数[W/(m²·K)]；
　　　α_2——内箱壁表面对箱内空气的表面传热系数[W/(m²·K)]；
　　　δ——隔热层厚度（m）；
　　　λ——隔热材料的热导率[W/(m·K)]。

在进行箱体隔热层漏热量计算时，要注意冷冻室和冷藏室的隔热层厚度是不一样的，应采用分段计算相加后的 Q_a 值。另外，采用壁板盘管式冷凝器的电冰箱，箱体后壁面的表面温度近似取为冷凝温度 t_k，也需另外计算该部分的漏热量。

（2）通过箱门与门封条进入的漏热量 Q_b　由于 Q_b 值很难用计算法计算，一般根据经验数据给出，可取 Q_b 为 Q_a 值的 15%。

（3）箱体结构部件的漏热量 Q_c　箱体内、外壳体之间支撑方法不同，Q_c 值也不同，因此同样也不易通过公式计算。一般可取 Q_c 值为 Q_a 值的 3% 左右。目前采用聚氨酯发泡成型的隔热结构的箱体，无支撑架形成的冷桥，因此 Q_c 值可不计算。

2. 其他热量 Q_4

这里所说的其他热量，是指箱内照明灯、各种加热器、冷却风扇电动机的散发热量，可将其电耗功率折算成热量计入。另外，还要考虑开门时漏入的热量。因此，在计算电冰箱箱体热负荷时，为了安全起见，一般还增加 10%~15% 的裕度，即以（1.1~1.15）Q 的热负荷进行设计。

三、电冰箱制冷系统设计

用微知库 App 扫右侧二维码可下载资料学习电冰箱制冷系统相关知识。

1. 家用电冰箱制冷剂的选择

在电冰箱、冷柜行业，现在国内企业一般都使用 HFC-134a 及 HC-600a 作为制冷剂。被广泛研究的有 R23、R32、R125、R143a、R22、R134a、R152a、R134、R124、R142b、R143，以及碳氢化物 R290、R1270、RC270、R600a、R600 等。

2. 家用电冰箱压缩机的选型设计

电冰箱压缩机一般采用全封闭式压缩机，其结构类型包括活塞式、滚动转子式和涡旋式等，目前一种线性压缩机也表现出了很好的性能。用微知库 App 扫右侧二维码可了解关于电冰箱压缩机的详细信息。此处简单介绍电冰箱压缩机的工况和选型方法。

电冰箱压缩机资料

（1）电冰箱全封闭压缩机工况　电冰箱全封闭压缩机的工作温度和工作条件称为工况。

工况条件主要包括制冷系统的蒸发温度、吸气温度、冷凝温度和过冷温度四项，见表 1-16。

表 1-16　电冰箱全封闭压缩机工况

标准	蒸发温度/℃	吸气温度/℃	冷凝温度/℃	过冷温度/℃	环境温度/℃
GB/T 9098—2008	-23.3±0.2	32.2±3	54.4±0.3	32.2±0.3	32.2±1

（2）压缩机与电冰箱的匹配　对于压缩机与电冰箱的匹配，国内外还没有统一的标准。但两者匹配得是否合理，不但涉及成本，而且对使用寿命和能耗均有影响。各生产厂家根据各自的电冰箱规格配置的压缩机各不相同。表 1-17 中压缩机与电冰箱的匹配关系仅供参考。

表 1-17　压缩机与电冰箱的匹配关系

	电冰箱容积/L	压缩机功率/W		电冰箱容积/L	压缩机功率/W
单门电冰箱	50	40~50	双门电冰箱	100	80~93
	75	50~65		150	93~110
	100	65~80		200	110~125
	120~150	80		250	125~150
	170~200	93		300	150~180
	200~240	93~100		400	180~250
	250~300	110~125		500	>250

（3）压缩机的选择　电冰箱压缩机均采用全封闭式压缩机。对于电冰箱厂，一般没有制造电冰箱压缩机的能力，只能在进行电冰箱设计时，直接根据设计任务书所提出的制冷量的大小从已有产品中选择压缩机。

进行压缩机选型时，主要的参考资料是各种压缩机的全性能曲线。电冰箱压缩机的全性能曲线如图1-8所示，图中 t_0 为蒸发温度，t_k 为冷凝温度。作图时，过冷温度和吸气温度由制造厂决定，压缩机制造厂提供每种型号压缩机的全性能曲线。

用全性能曲线选择压缩机的方法如下：

1) 通过制冷系统的热力计算，求出在计算工况 t_k、t_0 时的制冷量。

2) 参照各种压缩机的全性能曲线，选择压缩机。

所选用的压缩机应满足计算工况下的制冷量，并应有高的制冷系数，同时要顾及产品的质量、价格和安装尺寸。

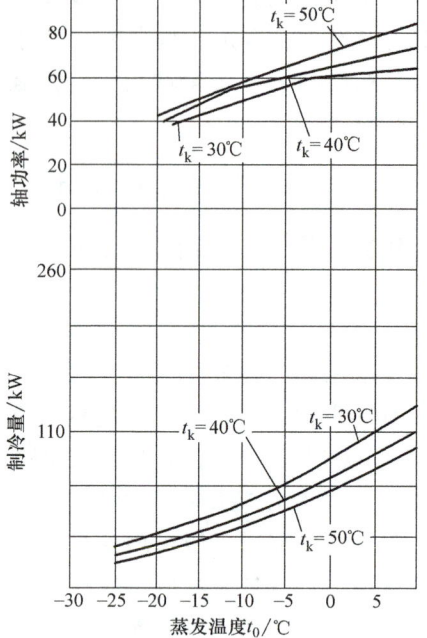

图1-8　电冰箱压缩机的全性能曲线
（采用R600a制冷剂）

3. 电冰箱冷凝器的选型设计

目前电冰箱常用的冷凝器形式包括平板式、百叶窗式、丝管式、内藏式和翅片盘管式，详细结构和参数信息可通过微知库App扫右侧二维码自行学习。

（1）丝管式冷凝器的选型设计　冷凝器过热段和饱和段的传热温度有较大区别，应分段进行计算，其分段计算方法及步骤如下：

1) 确定过热段及饱和段热负荷。

2) 确定过热段及饱和段传热温差。

过热段传热温差：根据定义，当考虑肋效率时，其传热温差为管壁温度与空气温度之差，忽略管壁热阻，则传热温差可为管内制冷剂的温度与空气温度之差。在过热段，制冷剂进口温度高，在换热过程中温度逐渐下降至冷凝压力下的饱和蒸气温度，即冷凝温度，因此过热段的传热温差 $\Delta t'$ 应为对数平均温差，即

$$\Delta t' = \frac{t' - t_k}{\ln \dfrac{t' - t_a}{t_k - t_a}} \tag{1-23}$$

式中　t'——过热蒸气温度（℃）；

　　　t_k——冷凝温度（℃）；

　　　t_a——空气温度（℃）。

饱和段传热温差：冷凝器出口制冷剂一般尚未达到过冷状态，即出口制冷剂温度仍为冷凝温度，也就是说在饱和段管内制冷剂温度不变，那么饱和段的传热温差 $\Delta t''$ 为

$$\Delta t'' = t_k - t_a \tag{1-24}$$

3)分别计算过热段和饱和段自然对流换热系数及辐射换热系数。选取传热管和钢丝规格,确定管间距和钢丝间距,即可分别计算各段自然对流换热系数和辐射换热系数。

4)分别计算各段传热面积。

过热段传热面积 A' 为

$$A' = \frac{Q'}{(a'_{of} + a'_{or})\eta \Delta t'} \tag{1-25}$$

饱和段传热面积 A'' 为

$$A'' = \frac{Q''}{(a''_{of} + a''_{or})\eta \Delta t''} \tag{1-26}$$

式中 A'、A''——各段传热面积(m^2),包括管面面积及钢丝外表面积;

a'_{of}、a''_{of}——各段自然对流换热系数[$W/(m^2 \cdot ℃)$];

a'_{or}、a''_{or}——各段辐射换热系数[$W/(m^2 \cdot ℃)$];

$\Delta t'$、$\Delta t''$——各段传热温差(℃);

Q'、Q''——各段热负荷(W);

η——表面效率。

η 的计算公式为

$$\eta = \frac{A_b + A_w \eta_f}{A_b + A_w} \tag{1-27}$$

式中 A_b——每米管长管面面积(m^2/m);

A_w——每米管长上钢丝外表面面积(m^2/m)。

5)确定冷凝器整体尺寸。

传热面积 A 为

$$A = A' + A'' \tag{1-28}$$

蛇管总长 L 为

$$L = \frac{A}{A_b + A_w} \tag{1-29}$$

蛇管水平根数 N:根据冰箱宽度取冷凝器有效宽度为 b(m),则蛇管水平根数 N 为

$$N = \frac{L}{b} \tag{1-30}$$

冷凝器有效高度 H:已知管间距 s_b(m),则

$$H = N s_b \tag{1-31}$$

(2)内藏式冷凝器的选型设计 内藏式冷凝器是将蛇管粘贴(或焊接)在箱壁内侧组成的一种冷凝器。在内藏式冷凝器中,箱体金属板作为整体在冷凝器中起翅片作用,金属板的厚度一般为0.4~1mm。内藏式冷凝器通常布置在箱体的背面以及箱体侧面的一面或两面上,蛇管管节距一般为50~60mm。

内藏式冷凝器的设计计算与丝管式类似,其区别主要有以下几点。

1)由于箱体金属板起翅片作用,因此内藏式冷凝器的翅片效率(也称肋效率)η_f = 0.87~0.89,略大于丝管式冷凝器。

2) 内藏式冷凝器箱体一般为白色漆，因此外表面辐射黑度 $\varepsilon = 0.85$。

3) 内藏式冷凝器试验综合传热系数为 $9 \sim 12 \text{W}/(\text{m}^2 \cdot \text{℃})$，这可以作为估算的依据。

4) 如果原来系统采用的是丝管式冷凝器，现在改为内藏式冷凝器，可以在丝管式冷凝器的换热面积基础上增加 30% 作为内藏式冷凝器的换热面积。

4. 家用电冰箱蒸发器的选型设计

（1）蒸发器设计的基本原则和方法　电冰箱常用的蒸发器包括铝复合板式蒸发器（目前常用的是吹胀工艺形成的复合板式蒸发器，简称吹胀式蒸发器）、管板式蒸发器、丝管式蒸发器和翅片盘管式蒸发器。其中，翅片盘管式蒸发器主要用于间冷式电冰箱，其余的较多用于直冷式电冰箱。翅片盘管式蒸发器的计算可参考空调器换热器的计算方法，这里主要介绍自然对流空冷器的计算方法。

对于自然对流式空冷器，即使考虑管外侧辐射后其总表面传热系数仍远小于管内制冷剂沸腾时的表面传热系数，因此传热的主要热阻仍在空气侧。除翅片式自然对流空冷器外，蒸发器的传热系数基本上等于管外侧的总表面传热系数。

对于间冷式电冰箱中的强制对流翅片盘管式蒸发器，其计算方法与空调器用蒸发器大致相同，而直冷式电冰箱的蒸发器看似简单，但是精确计算却难度较大，涉及非稳态、三维、复杂形状封闭空腔、有离散冷源、蒸发器外侧对流与辐射耦合、蒸发器内外侧换热的耦合、箱内食品种类与堆放方式等复杂因素。为此，国内外一些著名的公司对蒸发器的设计均与电冰箱整机性能一起用计算机进行大规模动态数值计算。

对电冰箱用蒸发器做手算时，下列热工参数可供参考。

1) 当室内环境温度为 32℃、空气有轻微流动（在自然对流作用下引起的微风，风速为 $0.1 \sim 0.15 \text{m/s}$）时，空气与电冰箱外壁间的表面传热系数（包括辐射影响）为 $3.5 \sim 8.1 \text{W}/(\text{m}^2 \cdot \text{K})$，一般可取为 $5.8 \text{W}/(\text{m}^2 \cdot \text{K})$，如果有其他扰动源使风速稍增大，则传热系数可增大到 $11.63 \text{W}/(\text{m}^2 \cdot \text{K})$。

2) 在直冷式电冰箱（冷藏室内有贮物时）内，由于自然对流引起箱内空气的流动很微弱，风速为 $0.11 \sim 0.12 \text{m/s}$，箱内空气与电冰箱内壁间的传热系数为 $0.6 \sim 2.3 \text{W}/(\text{m}^2 \cdot \text{K})$，一般可取 $1.8 \text{W}/(\text{m}^2 \cdot \text{K})$。

3) 在间冷式电冰箱内，由于风机使箱内空气做强制对流，风速为 $0.5 \sim 1.0 \text{m/s}$，箱内空气与电冰箱内壁间的表面传热系数为 $17 \sim 23 \text{W}/(\text{m}^2 \cdot \text{K})$，一般可取 $20 \text{W}/(\text{m}^2 \cdot \text{K})$。

4) 对于一般电冰箱采用的板管式与铝复合吹胀式蒸发器，蒸发器外表面与箱内空气间的表面传热系数为 $11.6 \sim 14 \text{W}/(\text{m}^2 \cdot \text{K})$。

5) 对于间冷式电冰箱中采用的强制对流翅片盘管式蒸发器，其外表面与空气间的传热系数为 $18 \sim 35 \text{W}/(\text{m}^2 \cdot \text{K})$。

6) 在计算箱体的漏热时，电冰箱内、外侧表面传热热阻占总热阻比较小，主要热阻集中在绝热层，即使在绝热层厚度最薄处，两侧表面传热所占的热阻也不超过 30%，而在绝热层最厚处（冷冻机背部）只占 10% 以下。

7) 总体而言，冷冻室的表面传热系数大于冷藏室的表面传热系数，门及底部的传热系数较其他部位要小。

（2）管板式和吹胀式蒸发器的选型设计　电冰箱中常见的管板式和吹胀式蒸发器，可以看作是一种复杂的翅片式换热器，其肋化系数仍可定义为蒸发器外表面积与管内表面积之比。一般电冰箱的管板式蒸发器，其肋化系数为 3.5~4.5，而吹胀式蒸发器的肋化系数为 4.5~6.0。为了精确计算蒸发器外表面的自然对流换热和辐射换热，必须首先计算出外表面（翅片表面）的温度分布，而翅片表面的温度分布又与局部表面传热系数相耦合，因此迄今为止尚无通用的计算方法。对特定几何结构和几何参数的蒸发器，只能用大规模数值计算的方法进行计算。这不仅使计算工作量大，而且由于计算对象本身的复杂性，不得不引入许多简化假设，使计算精度受限，因此这种方法仍处在发展中，尚不能成熟应用于工程设计，而工程设计实践中，目前主要仍依赖经验数据，一般家用电冰箱采用的管板式与吹胀式蒸发器，其表面传热系数为 11~14W/(m²·K)（未结霜状态）。

对于家用电冰箱的管板式蒸发器和吹胀式蒸发器，可以用下列方法估算所需传热面积。

传热面积 A（m²）为

$$A = \frac{Q_0}{k(t_a - t_0) + 5.67\varepsilon\left[\left(\frac{T_a}{100}\right)^4 - \left(\frac{T_0}{100}\right)^4\right]} \quad (1\text{-}32)$$

$$Q_0 = Q_c + Q_R$$

$$Q_c = kA(t_a - t_0)$$

$$Q_R = 5.67\varepsilon A\left[\left(\frac{T_a}{100}\right)^4 - \left(\frac{T_0}{100}\right)^4\right]$$

$$k = \frac{1}{\dfrac{1}{a_0 \eta_s} + \dfrac{A_0}{a_i A_i}}$$

$$\eta_s = \frac{1}{A_0}(A_1 + A_2 \eta_f)$$

$$\eta_f = \frac{\tanh(mh)}{mh}$$

$$m = \sqrt{\frac{2a_0}{\lambda_f \delta_f}}$$

$$A_0 = A_1 + A_2$$

$$A_1 = \pi d_0 l$$

$$A_2 = 2hl$$

式中 Q_0——蒸发器所需的制冷量（W）；

Q_c——通过对流换热的传热量（W）；

Q_R——通过辐射换热的传热量（W）；

k——传热系数 [W/(m²·K)]，管板式蒸发器一般为 8~11.7W/(m²·K)；

a_0——空气侧表面传热系数 [W/(m²·K)]，一般取 11.6W/(m²·K)；

a_i——管内制冷剂侧表面传热系数 [W/(m²·K)]；

η_s——表面效率；

η_f——翅片效率；

A_1——管表面积（一次表面）（m²）；

A_2——翅片表面积（二次表面）（m²）；

h——单脊翅片的翅片高度（m）；

m——翅片参数；

d_0——管直径（m）；

l——翅片沿管轴线方向的长度（m）；

t_a——冷冻室温度（℃）；

t_0——蒸发温度（℃）；

ε——霜层表面黑度，一般可取 $\varepsilon=0.96$；

T_a、T_0——以热力学温度表示的冷冻室温度（K）和蒸发温度（K）。

但通常，我们更多地是采用近似算法来确定蒸发器的传热面积，直接利用管板式与吹胀式蒸发器的表面传热系数 a_0 在 11～14W/(m²·K) 范围内这一数据进行估算。当制冷剂通过金属管与外界空气进行换热时，制冷剂侧传热系数 κ 一般在 1000W/(m²·K) 以上，即热阻 $R=1/\kappa \leqslant 0.001 \mathrm{m}^2 \cdot \mathrm{K/W}$；对于壁厚为 δ 的铜管，热阻 $R=\delta/\lambda=0.001/398 \mathrm{m}^2 \cdot \mathrm{K/W}$，而对于铝管，其热阻也很小；对于空气侧，传热系数一般在 20W/(m²·K) 以内，其热阻远大于制冷剂侧和管壁，最大的热阻在空气侧，因此可以不考虑管壁导热热阻和制冷剂侧对流换热热阻，直接用表面传热系数作为管路的综合换热系数。

5. 家用电冰箱毛细管的选型设计

（1）毛细管配置的基本原则　家用电冰箱普遍采用图1-9所示的毛细管布置形式。毛细管是组成电冰箱制冷系统的四个主要部件之一。它位于冷凝器与蒸发器之间，在系统中起节流降压的作用，直接影响电冰箱的性能。在电冰箱的设计、制造、维修中，毛细管的选配、质量检查等都显得极其重要，而且有一定的难度。

毛细管的内径和长度受许多因素的制约。如内径太小，要求制冷剂和制冷系统部件达到更高的清洁度，否则易造成毛细管堵塞。如果毛细管过长，很难将它装入箱体内，并且在制造过程中，长的毛细管容易损坏。太短的毛细管给连接冷凝器和蒸发器带来难度，可能还需要再接额外的管路，这样会影响系统的性能。

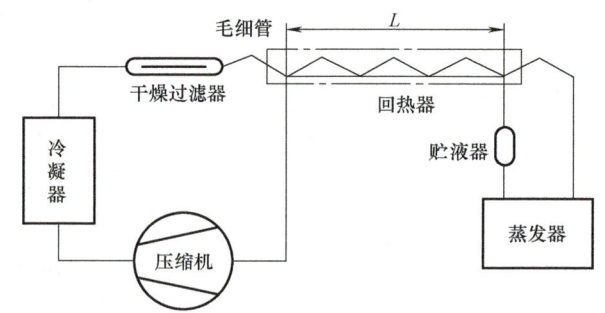

图1-9　电冰箱制冷系统原理

在电冰箱制冷系统中，毛细管内径通常为 0.5～1mm，长度为 1～4m。为防止杂质堵塞毛细管，必须严格保证系统的清洁度，且在冷凝器与毛细管之间要加装干燥过滤器。在毛细管出口端的喷流噪声可以用管外包扎异丁橡胶隔声减振，或连接过滤管（管径大于毛细管小于蒸发管）的方法来改善。为使毛细管中的制冷剂保持一定的过冷度，以提高制冷效率，应尽量采用回热循环。

电冰箱中毛细管需与低压回气管组成逆流回热器，组成方式有三种，如图1-10所示。

1）内含法（图1-10a）：将部分毛细管穿入低压回气管中。

2）外焊法（图1-10b）：将部分毛细管与部分回气管用锡平行并焊为一体。

3）套管法（图1-10c）：用热收缩管将毛细管和低压回气管缩套为一体。

计算机仿真模拟和试验研究都显示外焊法比内含法换热效率高。

毛细管与回气管的换热长度也是个值得注意的问题。日本三菱电机要求钎焊换热长度的范围为（1131±3.3）mm。随着电冰箱节能要求的提高，已有电冰箱厂建议换热长度范围为2m。

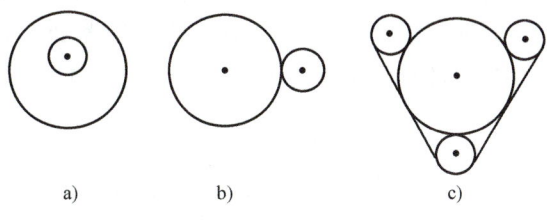

图1-10　电冰箱逆流回热器的组成方式

除去与低压回气管段的热交换部分，多余的毛细管应盘绕（注意尽量减少局部阻力）置于回热器某一侧。放在靠蒸发器的一侧，对传热会更有效；放在冷凝器一侧，有利于增强系统的稳定性。

（2）毛细管的设计选型　毛细管在系统中起控制流量的作用，计算管道中流量的经验公式如下

$$G = 5400 d^{2.5} \Delta p L^{-0.5} \tag{1-33}$$

式中　G——流量（m^3/s）；

Δp——入口、出口压差（Pa）；

d——毛细管内径（m）；

L——毛细管长度（m）。

由式（1-33）可知，毛细管内径的大小对制冷循环流量的影响比管长影响大，内径和长度一定的毛细管，其性能又受压缩机实际输气量、系统工况和制冷剂特性的影响。

一般均在选定内径之后，再通过优化试验来确定长度和系统的冷媒充注量。在优化试验中，毛细管长度一般以300mm为调整单元；制冷剂充注量方面，R134a以5g为调整单元，R600a以2g为调整单元。通过试验修正定下的毛细管，再以流量计测定其在一定温度和压力下的流量，确定其为标准毛细管，为批量生产提供依据。

总之，根据设计工况选择毛细管，首先要使毛细管的阻力足以在其进口侧保持一段液封，又不致有过多液体积存在冷凝器中，系统可以在容量平衡的条件下工作。无论用何种方法，理论计算分析、经验数据查找都只能作为初选毛细管的依据。

最终对应于任何一根毛细管与充注量的组合，都必须使试验电冰箱在预定的运行条件范围内工作，确定其功耗和制冷量，从中找出最佳充注量和最佳毛细管。

6. 家用电冰箱制冷剂充注量的确定

电冰箱的制冷系统是全封闭式制冷系统，它的结构设计要求较为紧凑，各个制冷配件的匹配要求合理，也就是说在整个制冷系统中，压缩机的排气量、蒸发器的蒸发能力、冷凝器的散热效果、毛细管的节流状态都要求匹配合理，否则会出现制冷效率低、生产成本高、制冷能力不足等问题。即使这些关键零部件匹配好以后，对于制冷系统来说，系统中制冷剂充注量的多少对系统的制冷效果也有较大的影响。制冷剂充注量偏多或偏少都会造成电冰箱制冷效果不好、耗电量大，因此合理的制冷剂充注量对于电冰箱的制冷性能也有较为严格的要求。对于影响电冰箱制冷剂充注量的因素，以及制冷剂充注量的变化对系统的影响，需要对系统进行分析，才能确定。确定制冷剂充注量的参考依据如下：

（1）蒸发器温度的测定　电冰箱的蒸发器主要由一套金属管组成，它的蒸发温度会表现出当制冷剂充注量不足时，蒸发器的出口温度高。如果制冷剂充注量较合适或较多时，蒸

发器上的进口、中间和出口的温度一致，说明制冷剂有液体流出蒸发器的出口，因此对制冷剂充注量的要求是最少必须满足使蒸发器的蒸发温度都一致。图 1-11 所示为 BCD-200/HC 电冰箱在某环境温度下、制冷剂为 R600a 时的蒸发器进、出口温差与制冷剂充注量的变化关系曲线。

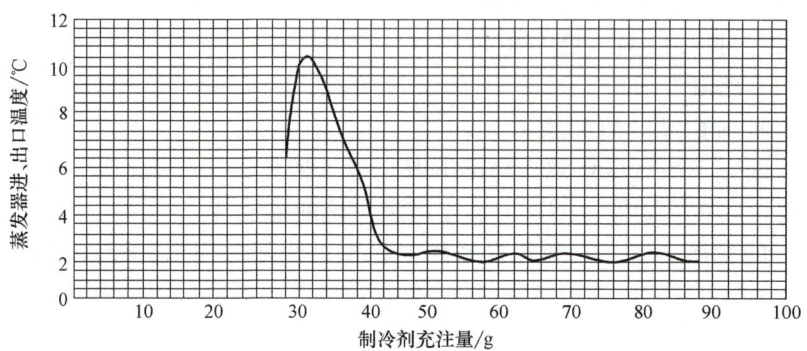

图 1-11　蒸发器进、出口温差与制冷剂充注量的变化关系曲线

（2）回气管温度的确定　为测定电冰箱中制冷剂充注量最多的情况，可以通过对回气管的温度进行控制，判断制冷剂充注量的最多程度，也能通过这一温度较好地限制压缩机的吸气温度，改善压缩机的吸气状态，保证压缩机的最佳运行。图 1-12 所示为 BCD-200/HC 电冰箱在某环境温度下、制冷剂为 R600a 时的回气管温度与制冷剂充注量的变化关系曲线。

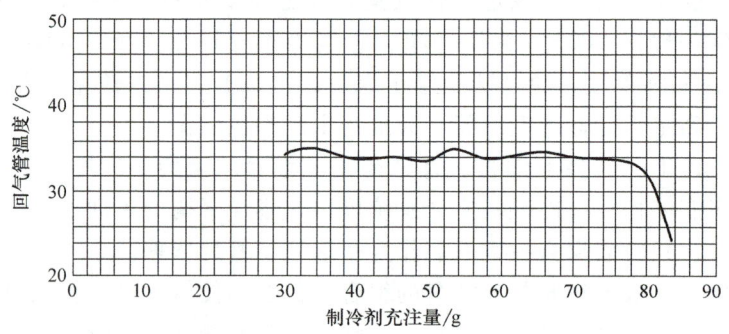

图 1-12　回气管温度与制冷剂充注量的变化关系曲线

（3）电冰箱内贮藏温度的确定　不同的制冷剂充注量对电冰箱的表现最终为性能方面，因此可以对电冰箱的冷藏室和冷冻室进行布点，测试其内的温度变化，可根据这种变化来判断电冰箱中合适的制冷剂充注量对电冰箱制冷性能的直接表现。图 1-13 所示为 BC-150/H 电冰箱在某环境温度下、制冷剂为 R134a 时的冷藏室温度与制冷剂充注量的变化关系曲线。

（4）电冰箱压缩运行电流和功率的确定　不同的制冷剂充注量对电冰箱压缩机运行时的电流及功率也有影响，这种影响可从图 1-14 中看出。

通过试验确定电冰箱中所需的最佳制冷剂充注量后，可以对电冰箱准确注入制冷剂，其方法如下：

1）采用高精度计量工具。在试验过程中，由于对电冰箱本身进行模拟性试验，制冷剂充注量变化小，每次在小量之间变化，从而可以较为准确地反映电冰箱的性能。由于电冰

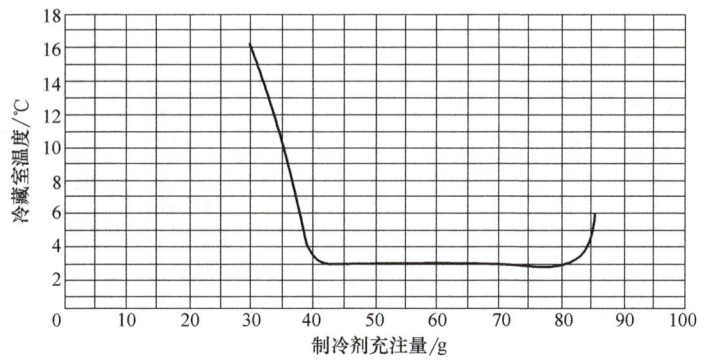

图 1-13　冷藏室温度与不同制冷剂充注量的变化关系曲线

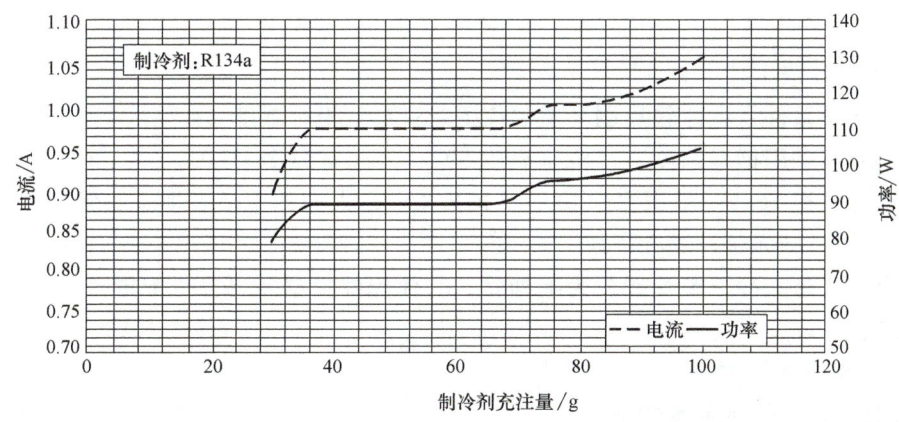

图 1-14　BC-150/H 电冰箱在不同制冷剂充注量下功率和电流的变化关系曲线

箱对制冷剂充注量要求高，尤其是采用 R600a 制冷剂的电冰箱，每相差 10g 制冷剂对电冰箱充注性能都有非常大的影响，因此如此高的测量精度要求，也必须有高精度的计量工具。目前市场上可以购买到精度达到较高要求的电子秤。在生产过程中，制冷剂是一次性注入的，比如制冷剂为 R600a，在一台电冰箱中的充注量为 60g 左右，在自动生产线中可以达到要求。

2）采用静态平衡压力的方法。对于维修时电冰箱制冷剂量的确定，一般在电冰箱的铭牌中都有规定，但是维修时因为条件的限制，比较难达到如此高的测量精度，而且通过对回气管的压力进行测量来测定制冷剂充注量困难较大。这是因为 R600a 制冷剂，在电冰箱蒸发器的蒸发压力下运行时会出现真空度。图 1-15 所示为 BCD-241/HC 的蒸发压力在不同环境温度下的变化曲线。在一般的压力仪表中，真空度的测量较为困难，因此可以通过测量电冰箱在不同环境中的静态压力来达到要求。这种压力在不同的环境温度下是不同的，但它可以较大地表现出不同制冷剂充注量在不同温度下较大的压力差。图 1-16 所示为 BCD-241/HC 电冰箱在静态下、不同制冷剂充注量在不同温度下的压力变化曲线。这种压力曲线只是对不同型号的电冰箱不同，因此生产商可以对每种型号的电冰箱提供该参数。

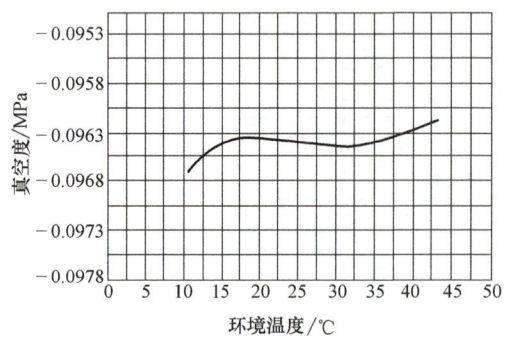

图 1-15　BCD-241/HC 的蒸发压力在不同环境温度下的变化曲线

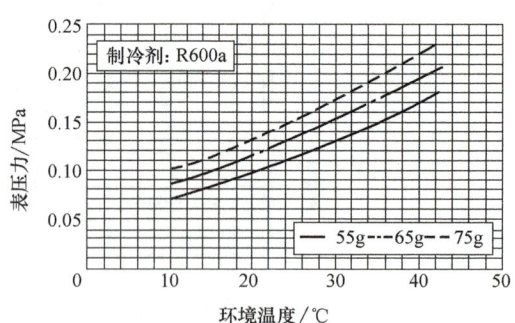

图 1-16　BCD-241/HC 在静态下不同制冷剂充注量在不同环境温度下的压力变化曲线

任务实例

某电冰箱设计要求如下：

1）使用环境条件：电冰箱周围环境温度 $t_a=32℃$，相对湿度 $\phi=75\%$。

2）箱内温度采用标准温度：冷藏室温度 5℃，冷冻室温度 -18℃。

3）箱内总容积 168L：冷藏室 100L，冷冻室 68L，人们的生活习惯是经常用冷藏箱而少用冷冻箱，因此将冷冻箱设置在下层。

4）制冷方式为直冷，节流元件为毛细管，其他配件根据需要自行配置。

设计过程如下：

1. 确定箱体保温层材料

箱体保温层采用硬质聚氨酯泡沫。

2. 确定箱体尺寸

箱体尺寸参考其他相似尺寸的电冰箱确定，相关尺寸和结构如图 1-17 所示。

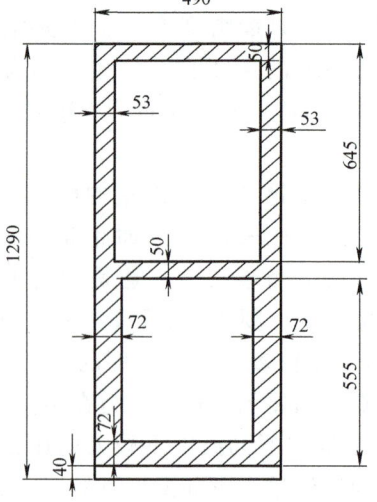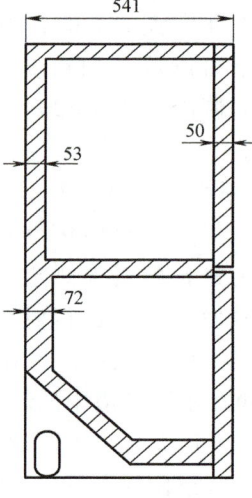

图 1-17　电冰箱的箱体尺寸

首先校核这种尺寸是否能满足凝露条件。

箱体外表面凝露校核分冷冻室和冷藏室进行。

(1) **校核冷冻室凝露** 冷冻室绝热层厚度最薄处在压缩机室处和门侧。由于压缩机散热导致压缩机室内温度高于环境温度，一般不会出现凝露，因此进行凝露校核计算时选取厚度最小的门侧。

首先要确定相关参数：环境温度 $t_1 = 32℃$，箱内空气温度 $t_2 = -18℃$。

对相关传热系数的规定：当室内风速为 $0.1 \sim 0.15 m/s$ 时，α_1 可取 $3.5 \sim 11.6 W/(m^2 \cdot K)$；箱内空气为自然对流（直冷式）时，$\alpha_2$ 可取 $0.6 \sim 1.2 W/(m^2 \cdot K)$；双门双温间冷式电冰箱，由于箱内风速较大，其 α_2 可取 $17 \sim 23 W/(m^2 \cdot K)$。这里选取室内 $\alpha_2 = 0.8 W/(m^2 \cdot K)$，隔热层材料的热导率 $\lambda = 0.02 W/(m \cdot K)$，室外对流换热系数 α_1 取 $11 W/(m^2 \cdot K)$，则

$$\kappa = \frac{1}{\frac{1}{\alpha_1} + \frac{\delta}{\lambda} + \frac{1}{\alpha_2}} = 0.26 W/(m^2 \cdot K)$$

则外表面温度

$$t_w = t_1 - \frac{\kappa}{\alpha_1}(t_1 - t_2) = \left[32 - \frac{0.26}{11} \times (32 + 18)\right]℃ = 30.8℃$$

高于 GB/T 8059.1—1995 规定的露点温度。

(2) **校核冷藏室凝露** 冷藏室最薄的地方仍然是门侧，因此计算方法同冷冻室，可计算出外表面温度为 $t_w = t_1 - \frac{\kappa}{\alpha_1}(t_1 - t_2) = \left[32 - \frac{0.26}{11} \times (32 - 5)\right]℃ = 31.4℃$

同样高于 GB/T 8059.1—1995 规定的露点温度。

一般情况下，如果箱体尺寸参考了市场上产品的尺寸，则一般不存在凝露问题，但最好进行一下凝露校核。

3. 计算电冰箱热负荷

对于电冰箱热负荷的计算，有的公司分成制冷和不制冷两个阶段分别计算，这也是有道理的。制冷时，压缩机运转，压缩机室温度高于不制冷时，如果冷凝器是背挂式的，则箱体背部的外表温度也不同于环境温度，因此分开计算可以使计算更精确。但试验研究表明，这种分开计算加大了设计工作量，对于实际的设计却没有多大的意义，因此本书不分开计算。

另外，借助于计算机软件可以获得高效准确的计算结果，最简单的就是借助 Microsoft Office 的 Excel 软件进行设计计算，可以获得快速准确的计算结果，并且适用于不同规格电冰箱的设计计算。

下面分步骤进行热负荷计算。

(1) 计算冷冻室热负荷 Q_F

1) 箱体漏热量 Q_{1F}。一般的电冰箱不需要考虑冷桥漏热，因此冷冻室箱体漏热量只包括箱体隔热层漏热量 Q_a 和通过箱门与门封条漏热量 Q_b 两部分。

① 箱体隔热层漏热量 Q_a 计算箱体隔热层漏热量时，箱外空气对箱体外表面的表面传热系数 α_1 取 $11 W/(m^2 \cdot K)$，箱内壁表面对箱内空气的表面传热系数 α_2 取 $0.8 W/(m^2 \cdot K)$，隔热层材料的热导率 λ 取 $0.02 W/(m \cdot K)$。冷冻室各传热表面的传热量计算见表 1-18。

表 1-18 冷冻室各传热表面的传热量计算

冷冻室负荷计算	顶面	侧面	背面	门体	底面
面积/m²	0.2651	0.6276	0.2842	0.2842	0.2651
传热系数/[W/(m²·K)]	0.260	0.202	0.202	0.260	0.202
传热温差/℃	23.0000	50.0000	50.0000	50.0000	50.0000
传热量/W	1.5874	6.3507	2.8760	3.6996	2.6826

将表 1-18 中各表面的传热量相加,即得箱体隔热层漏热量 $Q_a = 17.2W$。

② 通过箱门与门封条漏热量 Q_b。

$$Q_b = 0.15Q_a = 0.15 \times 17.2W = 2.6W$$

因此,冷冻室箱体漏热量为

$$Q_{1F} = Q_a + Q_b = 17.2 + 2.6W = 19.8W$$

2) 考虑其他漏热量,可加上 15% 的裕量,因此冷冻室的热负荷 $Q_F = 19.8W \times 1.15 = 22.7W$。

(2) 计算冷藏室热负荷 Q_R 冷藏室热负荷同冷冻室热负荷。

1) 冷藏室箱体漏热量 Q_{1R}。

① 箱体隔热层漏热量 Q_a。冷藏室各传热表面的传热量计算见表 1-19。

表 1-19 冷藏室各传热表面的传热量计算

冷藏室负荷计算	顶面	侧面	背面	门体	底面
面积/m²	0.2651	0.7249	0.3283	0.3283	0.2651
传热系数/[W/(m²·K)]	0.260	0.251	0.251	0.251	0.260
传热温差/℃	27.0000	27.0000	27.0000	27.0000	-23.0000
传热量/W	1.8635	4.9045	2.2211	2.2211	-1.5874

将表 1-19 中各表面的传热量相加,即得冷藏室箱体隔热层漏热量 $Q_a = 9.6W$。

② 通过箱门与门封条漏热量 Q_b。

$$Q_b = 0.15Q_a = 0.15 \times 9.6W = 1.4W$$

因此,冷藏室箱体漏热量为

$$Q_{1R} = Q_a + Q_b = (9.6 + 1.4)W = 11W$$

2) 考虑其他漏热量,可加上 15% 的裕量,因此冷藏室的热负荷 $Q_R = 11W \times 1.15 = 12.7W$。

综上所述,电冰箱的总负荷为

$$Q = Q_F + Q_R = (22.7 + 12.7)W = 35.4W$$

4. 选择压缩机

前面已经计算得出 BCD-168 电冰箱的热负荷为 35.4W,这种制冷量的压缩机选择性很大,可以选择性能系数(COP)在 1.7 以上的高效压缩机,但价格相对较高,也可以选择 COP 和价格都相对较低的压缩机。本书选择黄石东贝 R600a 电冰箱压缩机,该厂出产的压缩机参数见表 1-20。选择压缩机首先要确定压缩机的开机时间比,并根据开机时间比折算制冷量,最后依照制冷量和 COP 选择合适的压缩机。

表 1-20　黄石东贝 R600a 电冰箱压缩机参数

制冷剂	系列	型号	电动机类型	电源(V/Hz)	ASHRAE(-23.3℃) 制冷量/W	COP/(W/W)	冷却类型
R600a	D	D40CY	RSIR	220/50	50	1.06	S
		D53CY	RSIR	220/50	75	1.20	S
		D43CY	RSCR	220/50	65	1.28	S
		DG53CY	RSCR	220/50	75	1.35	S
		DU40CY	RSCR	220/50	55	1.43	S
		DU53CY	RSCR	220/50	75	1.50	S
		DU58CY	RSCR	220/50	90	1.50	S
	S	S53CY	RSIR	220/50	75	1.30	S
		S65CY	RSIR	220/50	98	1.35	S
		S75CY	RSIR	220/50	120	1.35	S
		S66AY	RSIR	100/60	138	1.40	S
		SK53CY	RSCR	220/50	75	1.51	S
		SK65CY	RSCR	220/50	98	1.55	S
		SU60CY	RSCR	220/50	100	1.60	S
		SU75CY	RSCR	220/50	125	1.65	S
		SZ55CY	RSCR	220/50	83	1.70	S
		SZ60CY	RSCR	220/50	100	1.72	S
		SZ75CY	RSCR	220/50	125	1.72	S
	L	L60AY	RSIR	100/60	115	1.40	S
		L68CY	RSIR	220/50	125	1.41	S
		L76CY	RSIR	220/50	142	1.41	S
		L88CY	RSIR	220/50	155	1.40	S
		LK76CY	RSCR	220/50	142	1.58	S
		LK88CY	RSCR	220/50	160	1.58	S
		LU43CY	RSCR	220/50	66	1.55	S
		LU60CY	RSCR	220/50	105	1.62	S
		LU68CY	RSCR	220/50	130	1.65	S
		LU76CY	RSCR	220/50	142	1.65	S
		LU88CY	RSCR	220/50	160	1.68	S

（1）确定开机时间比 η　开机时间比指的是压缩机的开机时间占总的电冰箱制冷时间的百分比，也称运行系数。一般压缩机在 32℃ 环境温度下合适的开机时间比是 30%~35%，在 38℃ 环境温度下的开机时间比一般为 45%~50%。

（2）选取压缩机　本案例在 32℃ 环境温度下选择开机时间比为 35%，则压缩机在 35% 的开机时间比内要完成 35.4W 的制冷量，所以压缩机的额定制冷量 Q 为

$$Q = (35.4/0.35)\text{W} = 101\text{W}$$

即应该按照 101W 的制冷量选择压缩机。根据表 1-20，在 101W 制冷量附近的有 S65CY、SU60CY、SZ60CY 几种型号，其 COP 分别为 1.35、1.60、1.72，本文选择 COP 为 1.6 的 SU60CY 压缩机，其制冷量为 100W。

5. 预算电冰箱耗电量

选定压缩机以后，即可以根据压缩机的耗电量预算电冰箱的耗电量。

压缩机功率 W 的计算公式为

$$W = \frac{Q}{COP} = \frac{100}{1.6}W = 62.5W$$

压缩机耗电量 P 的计算公式为

$$P = W\eta = 62.5W \times 0.35 = 21.9W = 0.53kW \cdot h/(24h)$$

6. 选择冷凝器

由于外挂的丝管式冷凝器往往会在长途运输过程中因为折管而造成泄漏，所以目前厂家一般会选择内藏式冷凝器。内藏式冷凝器隐藏在发泡层内，不会由于碰撞而折管，但需要保证不埋藏冷凝器的接管焊接点，而是将其设置在压缩机室内。

（1）确定冷凝器散热负荷　电冰箱所需要释放的热量包括电冰箱的热负荷以及由于电能消耗而引入的热量，这些构成了电冰箱的散热负荷。电冰箱的散热负荷一部分通过压缩机和少量外露制冷剂管散发，约 90%（经验数据）依靠冷凝器散发。因此，冷凝器热负荷 Q_c 的计算公式为

$$Q_c = 0.9(Q + Q')$$

式中　Q——电冰箱热负荷（W）；

Q'——压缩机平均功率（W）。

由于压缩机存在运行时间和停机时间，因此平均功率指的是压缩机在某段时间内的综合平均功率。

已知 BCD-168 电冰箱的热负荷 $Q = 35.4W$，电冰箱压缩机运行功率 $W = 65W$，运行时间比 $\eta = 0.35$，则

$$Q' = W\eta = 65W \times 0.35 = 22.8W$$

$$Q_c = 0.9(Q + Q') = 0.9 \times (35.4 + 22.8)W = 52.4W$$

（2）计算冷凝器尺寸　选用内藏式冷凝器。内藏式冷凝器试验综合传热系数为 9~12W/(m²·℃)，这里选择传热系数 κ 为 12W/(m²·℃)，传热温差 Δt 为 22.4℃，则由 $Q = \kappa A \Delta t$ 可计算出冷凝器散热面积 $A = 0.19m^2$，选择冷凝管管径为 4mm，则计算管长为 15.3m。

7. 选择蒸发器

现在为该电冰箱选择合适的蒸发器。蒸发器的连接方式为串联，即低温制冷剂先进入冷冻室蒸发器，然后再进入冷藏室蒸发器。冷藏室蒸发器选择管板式蒸发器，隐藏于冷藏室背部发泡层内侧。冷冻室蒸发器形式确定为层架丝管式。

如前所述，蒸发器的设计可以选择复杂算法和简化算法。复杂算法适合于编制计算程序计算，而简化算法适合于手工计算，两者的计算偏差不大，所以这里选择简化算法。

（1）设计冷藏室蒸发器　冷藏室管板式蒸发器传热系数为 11.6~14W/(m²·K)，如果蒸发器与冷藏室空气直接接触，则可以直接选择换热系数为 11.6~14W/(m²·K)。但如果蒸发器还需要透过冷藏室内胆塑料传热，则根据经验传热系数只能为原传热系数的 40% 左

右，即 4.6~5.6W/(m²·K)。本计算选择传热系数为 5W/(m²·K)。已知冷藏室热负荷为 12.7W，蒸发管外径为 6.5mm，则由 $Q=\kappa A\Delta t$ 和 $\Delta t=[-23.3-(-5)]℃=28.3℃$，可计算出蒸发管管长为 4.05m（实际蒸发器管长为 4.18m）。

（2）设计冷冻室蒸发器　冷冻室采用层架丝管式蒸发器，传热系数为 8~10W/(m²·K)，本计算选择传热系数为 10W/(m²·K)。已知冷冻室热负荷为 22.7W，蒸发管管径为 8mm，则由 $Q=\kappa A\Delta t$ 和 $\Delta t=[-23.3-(-18)]℃=5.3℃$，可计算出蒸发管管长为 15.1m（实际产品管长为 14.5m）。

任务实施、评分与反馈

1. 任务实施

参考任务实例完成对本任务所要求电冰箱的设计，完成设计说明书的撰写。设计说明书范例可通过微知库 App 扫右侧二维码获得。

电冰箱设计说明书范例

2. 检测评分

将任务完成情况的检测与评分填入表 1-21 中。

表 1-21　家用电冰箱设计方案制订的检测评分表

序号	检测项目	检测内容及要求	配分	学生自检	学生互检	教师检测	得分
1	职业素养	文明礼仪	5				
2		安全纪律	10				
3		行为习惯	5				
4		工作态度	5				
5		团队合作	5				
6	制订设计方案	对标准规范的理解	5				
7		对设计要求的理解	5				
8		设计方案的合理性	10				
9		设计方案的先进性	5				
10	电冰箱的选型设计	计算完整性	5				
11		计算准确性	10				
12	设计说明书撰写和汇报	说明书的撰写	15				
13		设计汇报	15				
综合评价							

3. 任务反馈

在任务完成过程中，是否存在表 1-22 中的问题，了解其产生的原因并解决问题。

表 1-22　家用电冰箱选型设计中存在的问题

存在问题	产生原因	解决措施
设计家用电冰箱时所选配的零部件以及预测性能与市场成熟产品相差较大	1. 对热力计算所选取的关键参数有误 2. 基于热力计算所选配的零配件型号不对	

思考与练习

完成下列习题,并用微知库 App 扫右侧二维码完成拓展作业。
1. 什么是电冰箱的毛容积、有效容积与额定有效容积?
2. R134a 和 R600a 制冷剂在电冰箱中的使用有什么特性和设计要求?
3. 电冰箱的运行控制一般为定频,您觉得有采用变频控制的必要吗?
4. 电冰箱的内藏式换热器若出现泄漏,有什么办法可以对电冰箱进行维修?

任务二拓展作业

项 目 小 结

本项目要求对典型制冷装置——家用空调器、家用电冰箱进行匹配设计,内容涉及制冷装置开发的流程控制、基本方法和技术细节。虽然学习者在工作中可能会设计不同类型的制冷装置,但这些匹配设计的基本方法是具有普适性的。

匹配设计是制冷装置开发制造的第一步,后续还要进行零配件采购、样机制作、性能测试和优化、工艺设计等,相关内容将在后续项目中逐一完成。

素养提升

职教学子大有作为

2021 年 5 月,顺德职业技术学院制冷工程(现为制冷与空调技术)专业优秀校友欧阳凯华获得 2021 年广东省"五一劳动奖章",成为职业院校学生的表率。

欧阳凯华自 2003 年进入广东高美空调设备有限公司以来,潜心钻研技术,现已晋升为高级工程师、高级技师,并担任广东高美空调设备有限公司质管部部长,被评为江门市三级高层次人才,江门市企业首席技师,获顺德区科学技术进步奖二等奖。

工作中,欧阳凯华不计个人得失,积极参与公司二十多项专利技术工作,并取得了外观设计专利、实用新型专利、发明专利证书共 18 项;发表学术论文 2 篇。

技术上,欧阳凯华认真钻研、不断创新。她负责的研发实验室成为广东省新型节能中央空调工程技术研究中心,取得了中国合格评定国家认可委员会(CNAS)认证证书。2019年,她提出的实验室改造方案,以较低成本取得了很好的改造效果,成功取得美国空调、供热及制冷工业协会(AHRI)认可证书。2021 年,欧阳凯华获中国认证认可协会(CCAA)审批,成为国家注册审核员。

工匠精神需要传承,欧阳凯华于 2020 年成立技能大师工作室,作为领衔技能大师,对公司基层人员、中级工程师、初级工等进行培训指导。

欧阳凯华的成长过程浓缩了职业教育学子"扎根地方,奋发图强、不断创新,努力进取"的精神,表明了只要坚持、努力,就可获得成功。

项目二

小型制冷装置的工艺分析

小型制冷装置的工艺分析是针对小型制冷装置制造过程所涉及的工艺技术，如外协件进货检验、自制件工艺审查、自制件工序卡编制、装配工艺设计、夹具设计等进行相应的知识学习以及能力培养，这些内容和相关能力是在小型制冷装置制造企业内从事工艺工作所必需的。

> ❄ **学习目标**
> - 掌握常用材料的牌号、性能及用途，会辨识小型制冷装置所用的材料。
> - 了解小型制冷装置常用的塑料成型工艺，能进行塑料件的进货检验和测试。
> - 掌握小型制冷装置常见的钣金冲压工艺，能进行钣金件图样的工艺审查。
> - 掌握管道件的加工工艺、焊接工艺，能编制管道件加工、焊接工序卡。
> - 掌握机械装配的基础知识和小型制冷装置总装的基本流程，了解换热器部装方法，能进行总装工艺设计。
> - 掌握工件定位与夹紧的基础知识，能设计简单的工装夹具。

任务一 辨识小型制冷装置材料

任务描述

本任务要求对一台小型制冷装置（图2-1）进行结构拆解，辨识各零部件所用材料，并填写相关表格。辨识材料的根据有外观、颜色、零件性能、轻重（密度）、表面软硬等。

知识目标

- 掌握材料的牌号、性能及用途。
- 熟悉小型制冷装置的结构、功能和装配关系。

技能目标

- 会正确拆解小型制冷装置。

图 2-1 小型制冷装置（例如空调室外机）

➢ 会通过各零部件的外形特征（颜色、光泽、轻重）以及功能要求初判其材料。
➢ 能大致判断各零件的加工工艺。

知识准备

掌握常用材料的牌号编制规则、材料的性能及用途是从事工艺技术的必备基础，是看懂工艺文件、进行工艺技术交流的必备知识。本任务将主要讲述小型制冷装置制造过程中涉及的铜及铜合金、铝及铝合金以及钢、铁等金属材料，以及塑料类（含泡沫）非金属材料。

知识点一　小型制冷装置常用金属材料

由于金属具有良好的导电性、导热性、延展性，具有光泽度，特别是具有较好的力学性能，因此常用于各种机械零件中。金属材料各种性能的定义可通过微知库 App 扫右侧二维码学习。

机械制造中最常用的金属材料是钢和铸铁，其次是有色金属。

金属材料各种性能的定义

一、有色金属

1. 纯铝和变形铝合金

纯铝的杂质含量<1%（质量分数）；杂质含量超过1%（质量分数）则为铝合金。铝合金根据加工方法不同，可分为变形铝合金和铸造铝合金两大类。

纯铝和变形铝合金的牌号见表 2-1。

表 2-1　纯铝和变形铝合金的牌号

组　别	牌号系列
纯铝（铝的质量分数不小于 99.00%）	1×××
以铜为主要合金元素的铝合金	2×××
以锰为主要合金元素的铝合金	3×××
以硅为主要合金元素的铝合金	4×××

(续)

组　　别	牌号系列
以镁为主要合金元素的铝合金	5×××
以镁和硅为主要合金元素并以 Mg_2Si 相为强化相的铝合金	6×××
以锌为主要合金元素的铝合金	7×××
以其他合金元素为主要合金元素的铝合金	8×××
备用合金组	9×××

注：本项目中所标"*"表示一位数字，"×"表示一个字母符号。项目二后续无特殊说明，皆表示此义。

(1) 纯铝的牌号命名　纯铝的铝含量不低于99.00%（质量分数），其牌号用1×××系列表示，纯铝百分含量精确到0.01%，牌号的最后两位数字就是最低铝百分含量中小数点后面的两位。牌号第二位的字母表示原始纯铝的改型情况，如果第二位字母为A，则表示为原始纯铝；如果是B~Y的其他字母（按国际规定字母表的次序选用），则表示为原始纯铝的改型，与原始纯铝相比，其元素含量略有改变。如1A99表示铝纯度为99.99%的原始纯铝（相当于旧国家标准中的LG5），而1100则表示纯度为99.0%的纯铝（见下述的国际四位数字体系）。

(2) 变形铝合金的牌号命名　变形铝合金的牌号用2×××~8×××系列表示，牌号的最后两位数字没有特殊意义，仅用来区分同一组中不同的铝合金。牌号第二位字母表示原始合金的改型情况，表示方法与纯铝相同。

国家标准中，还允许直接引用国际四位数字体系牌号，该命名体系与国家标准命名的不同之处在于第二位，国家标准第二位为字母，而国际四位数字体系则为数字，对于1系的纯铝，第二位为0表示对杂质无控制要求，1~9则表示对单项杂质或合金元素极限含量有特殊控制要求（如1、2表示对Fe、S有控制要求）；对于2系~8系的铝合金，0表示原始合金，1~9表示改型合金。

铝及变形铝合金的新旧牌号对照表见附录A。

2. 铸造铝合金

铸造铝合金塑性差，只用于成型铸造。铸造铝合金以"ZL×××"来表示材料代号，其中"*"表示一位数字；也可用"Z+其他元素符号及含量来表示其牌号。常用铝合金材料的状态为退火（M）、硬化（Y）、热轧（R）三种。铸造铝合金的部分材料牌号见附录B。变形铝合金和铸造铝合金常用于日用产品及航天器零件。

3. 铜和铜合金

(1) 纯铜　纯铜的密度为8.9g/cm³，熔点为1083℃，具有很好的导电性、导热性和优良的塑性，耐腐蚀，但强度不高，主要用作导电材料和导热材料。工业纯铜牌号为T+顺序号（1~3），如T1、T2，顺序号越高，铜纯度越低；无氧铜牌号为TU+顺序号，如TU2；磷脱氧铜牌号为TP+顺序号，如TP2；若纯铜中添加其他少量元素，则牌号为T+其他元素符号+顺序号（或该元素的质量百分数），如TAg0.1。如果表示管材，则还须在后跟状态符号，Y表示硬质，M表示软质。如T2M表示普通T2软质铜管；TP2Y表示硬质磷脱氧铜管。

(2) 铜合金　在铜中加入锌、锡、镍、铅、铝等金属可得到铜合金。铜合金分为黄铜、青铜、白铜三大类。黄铜是铜锌合金，具有很好的塑性和流动性，可辗压和铸造，常用于耐腐蚀的结构件，如法兰、支架、阀门。黄铜的牌号以"H××"，后两位表示铜的质量分数

（%）。如 H62 表示含铜量为 62%（质量分数）的黄铜。黄铜中还可有主添加元素，牌号为主添加元素的符号及质量分数，如 HPb59-1 表示含铜 59%（质量分数）、含铅 1%（质量分数）的黄铜。青铜是铜锡合金，其减磨性、耐蚀性比黄铜好，青铜牌号以"Q"打头，后跟主添加元素以及表示主添加元素的质量分数（%）及其他元素质量分数的数字。如含锡 4%（质量分数）、含锌 3%（质量分数）的青铜表示为 QSn4-3，含锡 5%（质量分数）、含磷 0.2%（质量分数）的青铜表示为 QSn5-0.2。白铜是铜镍钴合金，主要应用于精密机械、仪器仪表，如热电偶（康铜），在部分历史时期也用于铸币。白铜的牌号是"B**"，数字表示镍+钴的质量分数。如 B30 表示镍+钴的质量分数为 30% 的白铜。

国家标准中允许用废料金属重新冶炼形成铜和铜合金，此时须在上述牌号前加"R"。对于铸造用铜合金，须在上述铜合金牌号前加"Z"。铜及铜合金的材料牌号见附录 C 和附录 D。

二、铸铁

图 2-2 所示为金属材料的拉伸试验图，金属材料所受拉应力 $<R_e$ 时，材料发生弹性变形，材料变形量与受力的大小成线性关系；当拉应力达到 R_e 时，材料发生屈服现象，产生了塑性变形，随着受力的增加，变形进一步加大（但此时不再是线性关系）；受力达到 R_m 时，材料产生颈缩现象，材料由颈缩处逐渐被拉断（即使受力在减小）。图 2-2 中标示了材料的屈服强度 R_e、抗拉强度 R_m 和断后伸长率 A。

铸铁是碳的质量分数大于 2.11% 的铁碳合金，但是碳的质量分数在超过 6.69% 时，脆性极大，已无任何实用价值。铸铁中还含有硅、锰、磷、硫等元素，铸铁大量用于制造机器设备。铸铁件在汽车、机床、农机中应用最多，通常在质量上占到 50% 以上。与钢相比，铸铁的抗拉强度、塑性、韧性比较差，

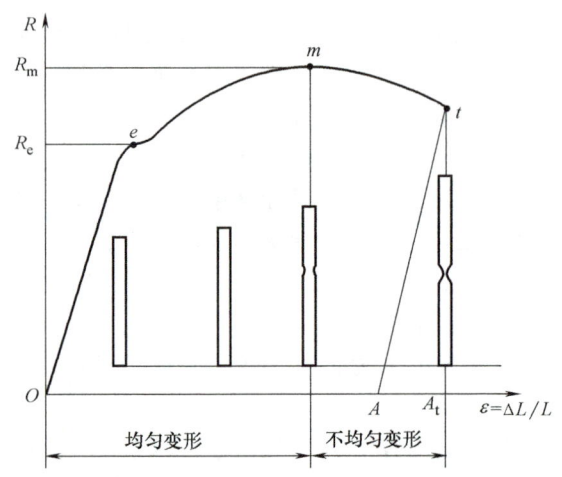

图 2-2 金属材料的拉伸试验图

但它具有价格低，铸造性、可加工性、耐磨性、减振性好等优良特性。铸铁有许多种，根据铁中石墨形态的不同，可分为白口铸铁（团絮状）、灰铸铁（片状）、球墨铸铁（球状）、可锻铸铁（由白口铸铁经石墨化退火后得到，可部分替代碳钢）和蠕墨铸铁（蠕虫状）。

1. 白口铸铁

这类铸铁中碳大多数以 Fe_3C 的形式存在，断口呈白色，硬度高，脆性大，很难加工，主要用作炼钢或制造可锻铸铁的原料，材料代号以"BT+×（该字母表示性能，M 表示耐磨，R 表示耐热，S 表示耐蚀）"开头。由于白口铸铁力学性能较差，所以材料牌号只按化学元素组成的方法来表示，如 BTMCr15Mo 表示耐磨白口铸铁，铬的质量分数为 15%，钼的质量分数小于 1%。

2. 灰铸铁

灰铸铁中碳大多以片状石墨的形式存在，断口呈暗灰色。灰铸铁的可加工性、减振耐磨

性好。

灰铸铁牌号以"HT＊＊＊"表示，"＊＊＊"表示其抗拉强度最低值。

灰铸铁的牌号、力学性能及用途见表2-2。

表2-2 灰铸铁的牌号、力学性能及用途

牌号	铸件壁厚 /mm	抗拉强度/MPa 不小于	适用范围及应用举例
HT100	10~20	100	低负荷和不重要的零件，如盖、外罩、手轮、支架、重锤等
HT150	<20	150	承受中等负荷的零件，如汽轮机泵体、工作台、底座、刀架等
HT200 HT250	10~20	200 250	承受较大负荷的零件，如气缸、齿轮、液压缸、阀壳、轮、床身、活塞、制动轮、联轴器、轴承座等
HT300 HT350	10~20	300 350	承受高负荷的重要零件，如齿轮、凸轮、车床卡盘、剪床和压力机的机身、床身、高压液压筒、滑阀壳体等

注：GB/T 9439—2010《灰铸铁件》中新增了HT225、HT275两个牌号。

3. 球墨铸铁

球墨铸铁中碳大多以球状石墨存在，其力学性能远超过灰铸铁。其牌号以"QT＊＊＊-＊＊"表示，"＊＊＊"表示抗拉强度最低值，"＊＊"表示伸长率最低值。

球墨铸铁的牌号、力学性能及用途见表2-3。

表2-3 球墨铸铁的牌号、力学性能及用途

牌号	R_m/MPa	R_e/MPa	A(%)	应 用 举 例
QT400-15 QT450-10	400 450	250 310	15 10	阀体，汽车、内燃机零件，机床零件
QT500-7	500	320	7	机油泵齿轮，机车、车辆轴瓦
QT700-2 QT800-2	700 800	420 480	2	柴油机曲轴、凸轮轴，气缸体、气缸套，活塞环、部分磨床、铣床、车床的主轴等
QT900-2	900	600	2	汽车的螺旋锥齿轮，拖拉机减速齿轮，柴油机凸轮轴

4. 可锻铸铁

可锻铸铁由白口铸铁经高温石墨化退火制得，性能接近碳钢，牌号以"KTH＊＊＊-＊＊""KTZ＊＊＊-＊＊"或"KTB＊＊＊-＊＊"表示，数字意义同球墨铸铁。

可锻铸铁的牌号、力学性能及用途见表2-4。

表2-4 可锻铸铁的牌号、力学性能及用途

类 别	牌 号	R_m/MPa 不小于	A(%) 不小于	应 用 举 例
黑心可锻铸铁	KTH300-06 KTH330-08 KTH350-10 KTH370-12	300 330 350 370	6 8 10 12	汽车、拖拉机的后桥外壳、转向机构、弹簧钢板支座等，机床上用的扳手，低压阀门、管接头和农具等
珠光体可锻铸铁	KTZ450-06 KTZ550-04 KTZ650-02 KTZ700-02	450 550 650 700	6 4 2 2	曲轴、连杆、齿轮、凸轮轴、摇臂、活塞环等

(续)

类 别	牌 号	R_m/MPa	A(%)	应用举例
		不小于		
白心可锻铸铁	KTB350-04 KTB360-12 KTB550-04	350 360 550	4 12 4	壁厚较薄的零件，如汽车吊架、驾驶盘柱叉肩、纺织机零件等

5. 蠕墨铸铁

蠕墨铸铁的牌号为"RuT＊＊＊"，"＊＊＊"表示抗拉强度，如 RuT420。

三、碳素钢

碳的质量分数在 0.02%~2.11% 范围内的铁碳合金称为碳素钢。但当碳的质量分数超过 1.5% 时，力学性能和可加工性很差，一般不用。碳素钢的力学性能良好，价格适中，因而在机械工程中广泛采用。

通常按含碳量的多少，将碳素钢分为以下三种。

1) 低碳钢：含碳量≤0.25%（质量分数）。
2) 中碳钢：含碳量=0.25%~0.6%（质量分数）。
3) 高碳钢：含碳量≥0.6%（质量分数）。

低碳钢的强度低，但塑性和焊接性较好。中碳钢有较高的强度，但塑性和焊接性较差；若经过热处理，则强度和硬度可以有显著提高。高碳钢的塑性和焊接性很差，但热处理后会有很高的强度和硬度。

除了按含碳量来划分以外，还可以按用途将碳素钢分为三类：普通碳素结构钢、优质碳素结构钢和铸钢。

1. 普通碳素结构钢

普通碳素结构钢占钢总产量的 70%，大部分用于工程结构（图 2-3），少部分用于机器零件。这类钢的牌号主要是以其力学性能中的屈服强度来命名。命名方法：Q+最小 R_e 值+等级符号+脱氧方法。其中，等级分为 A、B、C、D 四级，D 级质量最好；脱氧方法用 F（沸腾钢）、Z（镇静钢）、TZ（特殊镇静钢）来表示，Z、TZ 表示脱氧完全，可省略。例如：Q235AF 表示钢材属于普通碳素结构钢，R_e≥235MPa，质量等级为 A 级，沸腾钢。表 2-5 是常用普通碳素结构钢的力学性能。

图 2-3 典型的工程结构——桥梁

2. 优质碳素结构钢

优质碳素结构钢含硫、磷较少，冶炼控制较严。它用来制造较重要的零件，一般经过热处理可以提高力学性能，扩大应用范围。其牌号用两位数来表示含碳量（以平均万分数表示），如 20 钢表示钢的含碳量为 0.2%（质量分数），如果含锰量较高，还须在数字后面加"Mn"。

表 2-5 常用普通碳素结构钢的力学性能

牌号	等级	屈服强度① R_{eH}/(N/mm²),不小于						抗拉强度② R_m/(N/mm²)	断后伸长率 A(%),不小于					冲击试验(V 型缺口)	
		厚度(或直径)/mm							厚度(或直径)/mm					温度/℃	冲击吸收能量(纵向)/J 不小于
		≤16	>16~40	>40~60	>60~100	>100~150	>150~200		≤40	>40~60	>60~100	>100~150	>150~200		
Q195	—	195	185	—	—	—	—	315~430	33	—	—	—	—	—	—
Q215	A	215	195	195	185	175	165	335~450	31	30	29	27	26	—	—
	B													20	27
Q235	A	235	225	215	215	195	185	370~500	26	25	24	22	21		27③
	B													20	
	C													0	
	D													-20	
Q275	A	275	265	255	245	225	215	410~540	22	21	20	18	17		27
	B													20	
	C													0	
	D													-20	

① Q195 的屈服强度值仅供参考,不作为交货条件。
② 厚度大于 100mm 的钢材,抗拉强度下限允许降低 20N/mm²。宽带钢(包括剪切钢板)的抗拉强度上限不作为交货条件。
③ 厚度小于 25mm 的 Q235B 级钢材,如供方能保证冲击吸收能量值合格,经需方同意,可不做检验。

3. 铸钢

通常的钢材都是用炼钢所浇注的钢锭经轧制而成的,而铸钢是冶炼后直接铸造成型的钢材,流动性较一般钢好(比铸铁差),用于制造形状复杂、力学性能要求高的零件。铸钢用"ZG"来表示,如材料有特殊性能,可跟表示特殊性能的字母(H—焊接用,R—耐热,S—耐腐蚀,M—耐磨)。其牌号表示方法有两种:第一种是后面跟材料的化学元素及质量分数,第二种是用力学性能来表示。第二种牌号表示为"ZG＊＊＊-＊＊＊",前面的数字表示屈服强度,后面的数字表抗拉强度。

表 2-6 是部分优质碳素结构钢与铸钢的力学性能。

表 2-6 部分优质碳素结构钢与铸钢的力学性能

牌 号		抗拉强度 R_m/MPa	屈服强度 R_e/MPa	伸长率 A(%)	硬度	
					HBW(正火、回火)	HRC(表面淬火)
优质碳素结构钢	20	400	220	24	103~156	—
	35	520	270	18	149~187	35~45
	45	600	300	15	170~217	40~50
	55	660	330	12	187~229	45~55
铸钢	ZG270-500	500	270	18	—	—
	ZG230-450H	450	230	—	—	—

四、工模具钢

现行国家标准中将原国家标准中的碳素工具钢和合金工具钢合并为工模具钢,具有高硬度、高耐磨性和适当的韧性，用来制造各种工具，如锤子、冲头、锯条、丝锥、锉刀等，以及用于制造模具。工模具钢的牌号分别按原国家标准中的碳素工具钢与合金工具钢牌号不变，即碳素工具钢用 T 表示，后面的数字是以名义千分数表示的碳的质量分数，后面跟"A"属优质钢，如 T12A，表示含碳量为 1.2%（质量分数）的优质碳素工具钢；而合金工具钢牌号的开头数字是以名义千分数表示的碳的质量分数，大于 1.0% 时不标出，后面跟其他元素的组成，如 9Mn2V 表示含碳量为 0.9%（质量分数）、锰含量为 2%（质量分数）、钒含量小于 1.5%（质量分数）的合金工具钢。

工模具钢采用了材料代号，统一为"T＊＊＊＊＊"，如 T00070 对应 T7，而 T20019 对应 9Mn2V。

表 2-7 是部分工模具钢的统一数字代号、牌号、主要特点及应用。

表 2-7 部分工模具钢的统一数字代号、牌号、主要特点及应用

统一数字代号	牌号	主要特点及应用
T00070	T7	亚共析钢，具有较好的塑性、韧性和强度，以及一定的硬度，能承受振动和冲击负荷，但可加工性差；用于制造承受冲击负荷不大，且要求具有适当硬度和耐磨性及较好韧性的工具
T00080	T8	淬透性、韧性均优于 T10 钢，耐磨性也较高，但淬火加热容易过热，变形也大，塑性和强度比较低，大、中截面模具易残存网状碳化物；适用于制作小型拉拔、拉伸、挤压模具
T01080	T8Mn	共析钢，具有较高的淬透性和硬度，但塑性和强度较低；用于制造断面较大的木工工具、手锯锯条、刻印工具、铆钉冲模、煤矿用錾具等
T00090	T9	过共析钢，具有较高的强度，但塑性和强度较低；用于制造要求较高硬度且有一定韧性的各种工具，如刻印工具、铆钉冲模、冲头、木工工具、錾岩工具等
T00100	T10	性能较好的非合金工具钢，耐磨性也较高，淬火时过热敏感性小，经适当热处理可得到较高强度和一定韧性；适合制作要求耐磨性较高而受冲击载荷较小的模具
T00110	T11	过共析钢，具有较好的综合力学性能（如硬度、耐磨性和韧性等），在加热时对晶粒长大和形成碳化物网的敏感性小；用于制造在工作时切削刃口不变热的工具，如锯、丝锥、锉刀、刮刀、扩孔钻、板牙、尺寸不大和断面无急剧变化的冲模及木工工具等
T00120	T12	过共析钢，由于含碳量高，淬火后仍有较多的过剩碳化物，所以硬度和耐磨性高，但韧性低，且淬火变形大；不适于制造切削速度高和受冲击负荷的工具，用于制造不受冲击负荷、切削速度不高、切削刃口不变热的工具，如车刀、铣刀、钻头、丝锥、锉刀、刮刀、扩孔钻等
T20019	9Mn2V	具有较高的硬度和耐磨性，淬火时变形较小，淬透性好；适宜制造各种精密量具、样板，也可用于制造尺寸较小的冲模及冷压模、雕刻模、落料模等，以及机床的丝杠等结构件
T20299	9CrWMn	具有一定的淬透性和耐磨性，淬火变形较小，碳化物分布均匀且颗粒细小；适宜制作截面不大而变形复杂的冲模
T21290	CrWMn	油淬钢，由于钨形成碳化物，在淬火和低温回火后比 9SiCr 钢具有更多的过剩碳化物，更高的硬度和耐磨性及较好的韧性，但该钢对形成碳化物网较敏感，若有网状碳化物的存在，工模具的刃部有剥落的危险，从而降低工模具的使用寿命，有碳化物网的钢必须根据其严重程度进行锻造或正火；适宜制作丝锥、板牙、铰刀、小型冲模等
T20250	MnCrWV	国际广泛采用的高碳低合金油淬钢，具有较高的淬透性，热处理变形小，硬度高，耐磨性较好；适宜制作钢板冲裁模、剪切刀具、落料模、量具和热固性塑料成型模等

五、合金钢

合金钢的分类方法很多，按合金元素含量可以分为低合金钢、中合金钢和高合金钢，按合金元素种类可分为铬钢、锰钢和钒钢等，按用途可分为合金结构钢和特殊性能钢。本书只讲述合金结构钢，省略特殊性能钢。

合金结构钢的牌号用两位数（碳的质量分数，平均万分数）+元素符号+数字（元素质量分数的百分数，小于1.5%时省略数字）表示。如60Si2Mn表示含碳量为0.6%（质量分数）、含硅量为2%（质量分数）、含锰量小于1.5%（质量分数）的合金结构钢。合金结构钢用于重要工程构件和零件，如齿轮、轴和梁。对于高级优质钢，后面附加"A"；对于特优钢，后面附加"E"。常用合金结构钢的牌号及力学性能见表2-8。

表2-8 常用合金结构钢的牌号及力学性能

牌 号		抗拉强度 R_m /MPa	屈服强度 R_e /MPa	伸长率 A （%）	硬度	
					HBW（正火、回火）	HRC（表面淬火）
合金结构钢	35SiMn	800	520	15	229~286（调质）	45~55
	40Cr	750	550	15	241~286（调质）	48~55
	42SiMn	800	520	15	229~286（调质）	45~55
	20CrMnTi	1100	850	10		56~62（渗碳）
	38CrMoAlA	1000	850	14		>850HV（渗氮）

注：不锈钢主要是含Cr的合金钢，另含有Ni、Mn元素，国家标准牌号按合金结构钢牌号，而美国则以2**、3**、4**、5**、6**来命名，日本则在美国材料牌号前加"SUS"。附录E是中日不锈钢牌号对比。

六、选用金属材料的基本原则

在满足条件的情况下，应尽量采用价格便宜的材料，在设计过程中，应尽量利用热处理的方法而不是采用昂贵的材料来提高其性能。这要求设计者在材料、工艺方面必须有广泛的知识。同时，选材时还要兼顾采购及库存管理等因素。小型制冷装置中常用金属材料与非金属材料可通过微知库App扫右侧二维码学习。

小型制冷装置常用金属材料与非金属材料

知识点二 小型制冷装置常用塑料材料

塑料是材料中的一个大类，有几百甚至上千种，而且随着石化行业的工艺水平不断提高和科学技术的不断发展，新的塑料正源源不断地由人工合成并批量生产出来。

塑料的分子结构比较复杂，人们在应用过程中，常用塑料代号来表示某一分子结构的塑料材料，例如ABS、PP、PVC、PPR等就是特定的塑料材料，而不是复杂的化学名称。表2-9所示是小型制冷装置常用的塑料材料及零件图例。

表2-9 小型制冷装置常用的塑料材料及零件图例

序号	材料名称	材料性能	主要零件图例
1	ABS	不透水，但略透水蒸气，吸水性较强，抗冲击强度极好，化学稳定性好，几乎不受水、无机盐、碱及酸类物质的影响，不污染食品，电绝缘性很少受温度、湿度的影响，黑色ABS耐候性较好，可钻孔、裁切、抛光	
2	HIPS	聚苯乙烯，无臭、无味、无毒，易于加工成型，吸湿性强，电绝缘性能优良，化学稳定性、耐久性、工艺性、表面光泽等几方面都不如ABS塑料，可替代部分ABS零件	面框、面板、底盘

（续）

序号	材料名称	材料性能	主要零件图例
3	PP	成型性良好，良好的高频绝缘性，吸水性弱，易受光、热、氧的作用而使材料老化	
4	PU	适合于发泡，形成泡沫塑料，可用于软泡沫、硬泡沫、半硬泡沫、涂料、合成皮革等，用于保温、涂层等	
5	发泡橡胶	橡胶中填充入发泡剂和其他助剂，在硫化温度下进行化学分解反应，分解出气体，使橡胶膨胀发泡形成微孔橡胶，用于吸声、阻燃、耐温、保温等场合	

制冷类家电产品大量地采用了塑料零件，其优点是可以在零件表面上印制美观的图案、花纹，同时长期使用不会产生金属零件的锈蚀问题，且塑料材料的绝缘性好，有很好的安全防护作用。

塑料除了被直接加工成零部件外，塑料还可作为涂料使用，如 PVC、PE、PP、TGIC、PU 等还可作为粉末涂料。

任务实施、评分与反馈

1. 任务实施

1）实物准备：分体式空调室外机，每组一台。

2）工具准备：螺钉旋具（一字槽、十字槽）。

3）拆解室外机，将主要零部件（室外机主要零部件见附录 F）规格列成相应清单，辨识零部件所用材料并填入表 2-10。实施过程可通过微知库 App 扫右侧二维码获取。

提示：可根据金属材料的外观、颜色、零件性能、

任务实施过程讲解1

任务实施过程讲解2

轻重（密度）、表面软硬、表面粗糙度、有无蚀锈、碰撞声音等辨识其材料种类，也可根据金属零件的工艺反推其材料；对于塑料材料，在不破坏零件的情况下，较难识别，部分塑料零件会将其材料标记于零件上。

表 2-10　实施任务记录

序号	名称	材料初判	加工工艺类别

2. 检测评分

将任务完成情况的检测与评分填入表 2-11 中。

表 2-11　任务实施检测评分表

序号	检测项目	检测内容及要求	配分	学生自检	学生互检	教师检测	得分
1	职业素养	文明礼仪	2				
2		安全纪律	10				
3		行为习惯	4				
4		工作态度	5				
5		团队合作	4				
6	技能水平	拆解过程	20				
7		装配过程	10				
8	文案与书面作业质量	表达方式	15				
9		内容正确	30				
	综合评价						

3. 任务反馈

请将任务实施中的经验与教训写下来，填入表 2-12，供师生共同提高。

表 2-12　任务实施反馈表

序号	任务实施成功（或不足）之处	原因分析	改进建议

思考与练习

1. 请指明下列牌号表示的是什么材料。
Q255AF，QT500-7，HT250，T8，1060，H68，40，40Cr，T9A，9Mn2V。
2. 制冷系统中换热管要求导热性能好且具有较好的塑性，请问采用什么材料的管子较合适？请阐述理由。
3. 空调器的室外机机壳强度要求不高，但应具有较好的塑性以便于冲压，请问采用什么样的钢材较好？请阐述理由。
4. 全封闭压缩机外壳材料应具有很好的焊接性和较好的塑性，请问应选择什么材料？
5. 某厂对一批直径为 $\phi 10mm$ 的 45 钢进行检验，取长为 150mm 的样件做拉伸试验，受力为 25000N 时产生塑性变形，受力为 45000N 时发生断裂，断裂时总长度为 190mm。请问，该批材料是否合格？

6. 某热水箱的外形尺寸：高度为 1.5m，直径为 $\phi 0.6$m，保温层厚度为 50mm。内装满 60℃的水，静置于 10℃的空气中，经过 24h 后，测得水箱水温为 50℃。已知设计要求水箱保温材料的热导率为 $0.03\text{W}/(\text{m}\cdot\text{K})$，请估算该水箱的保温材料是否合格。

[假设 1：水箱外表面自然传热系数 $\alpha = 5\text{W}/(\text{m}^2\cdot\text{K})$；假设 2：水箱的内壁到外壁的导热按一维平板导热简化处理；假设 3：忽略金属壁导热热阻及金属壁与保温材料的接触热阻；假设 4：水箱内水温总是均匀一致的。]

任务二　外购物料检验

任务描述

本任务要求对典型的小型制冷装置所用的外购件（图 2-4）进行检验，主要是检验其装配尺寸、色差、光泽度、透光率等主要涉及装配、使用性能和外观的项目。

知识目标

➢ 掌握注塑、热成型、发泡的工艺过程。

➢ 了解注塑模具的基本结构。

➢ 了解各工艺的质量影响因素。

➢ 了解进货检验的必要性。

➢ 理解进货检验的术语、不良品处理手段。

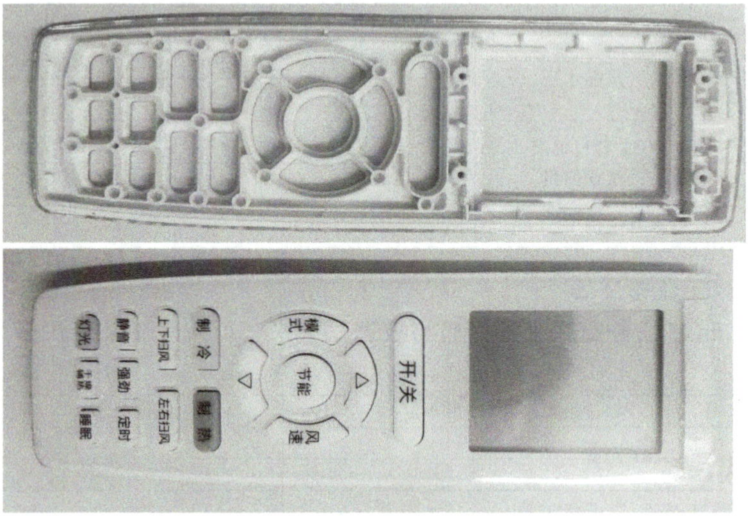

图 2-4　进货检验实施样品（空调遥控器塑料盒）

技能目标

➢ 会进行简单的外购零部件的检验（尺寸、色差、光泽度）。

知识准备

所谓进货检验（Incoming Quality Control，IQC），主要是指企业购进的原材料、外购配套件和外协件入厂时的检验，这是保证生产正常进行和确保产品质量的重要措施。为了确保外购物料的质量，入厂时的验收检查应配备专门的质检人员，按照规定的检查内容、检查方法及检验数量进行严格认真的检验，防止不合标准的原材料、外购件、外协件进入企业的生产过程，以免产生不合格品。

进货检验特别重视首批检验（简称首检），对于通过首检的工艺稳定的物料，一般采取抽样检验。进货检验的项目则由企业自行设计检验方案。比如某厂对于压缩机的进货检验项目有制冷量（抽检）、极限压缩比（抽检）、密封性（抽检）、含水量（抽检）、杂质量（抽检）、噪声（必检）、冷冻油（必检）。

目前，小型制冷装置制造过程中的总装外购物料中钣金件和塑料件占了相当大的比例，本书将讲解塑料件的进货检验方法。为了更全面地理解塑料件的进货检验，必须了解塑料件的工艺及结构特点。

知识点一　塑料件进货检验的项目和标准

塑料件的检验项目有许多，本知识点仅对工艺人员采用现场手持仪器进行操作，且对装配质量有影响的特性项目进行简介，而对检验人员在专门实验室里进行的、采用专用检测设备的检验项目，读者则需另行学习。

实际生产检验中所检验项目和标准因厂因时而异，本知识点所引用的项目及标准是目前大中型家电企业常用的项目及标准的综合。

现场检验的项目主要有外观检验、色差检验、光泽度检验，以及外形尺寸和定位尺寸检验。

一、外观质量

外观质量主要包括表面质量、接线质量和粘贴/印刷质量。

1. 表面质量要求

塑料件不应有流痕、飞边、凹痕、晶点、杂点等；丝印字迹清晰、正确，图案及字体符合图样要求；不得有刮花等缺陷；各类注塑件允许存在不明显的由模具结构决定、工艺无法解决的熔接痕；装饰条、装饰灯板、扣位、卡位网件及弹簧等应安装正确、装配灵活、间隙均匀、间隙大小符合产品设计要求；各配合部位不得有卡死、松脱、裂烂及传动异声等缺陷；自锁开关无失灵现象；表面粗糙度达到样板表面粗糙度的要求；透明度满足零部件设计要求。图 2-5 和图 2-6 所示是外观质量的实例。

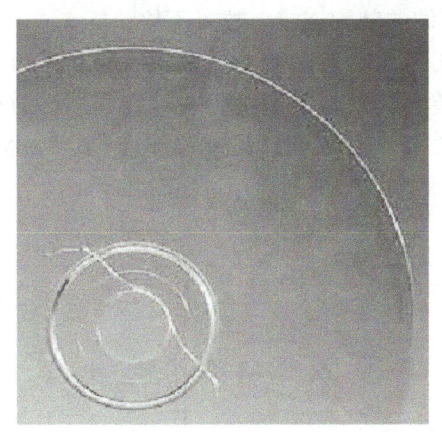

图 2-5　塑料件表面脆裂

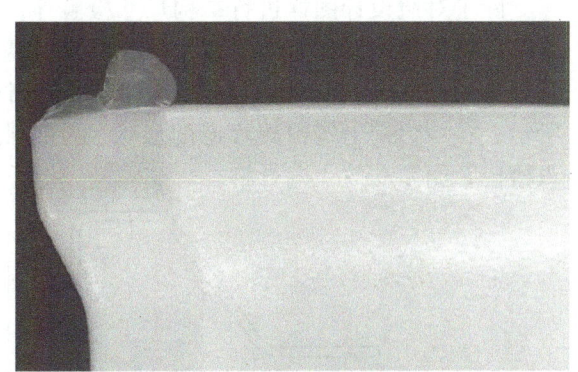

图 2-6　塑料件飞边

2. 接线质量

塑料件上可能会装配有相关电器部件及连接导线，对接线质量的要求为：导线应按照图样正确连接（对于钣金件，有接地标志需要的钣金件，接地标志应圆整、清晰可见）；连接导线走线应横平竖直无歪斜，线束须束扎牢靠，并有效固定；线较多时应有数码、颜色、大小予以明显区分；线长要适中，既顺利连接同时又不应有多余的折弯、迂回、拱曲；导线经过高温区（如排气管）时应有高温防护套（对于钣金件，在经过锋利的钣金孔、槽时应有护套）；线插头、线端子等连接件插入松紧程度应适当；传感器线组、信号线等弱电线应与强电线分开走线。

3. 粘贴/印刷质量

塑料件上粘贴的海绵件、绒布等，应粘贴牢固平整，不得有变形、撕裂、破损、松脱、拱翘等现象，粘贴的印刷件字样/图案须具有一定的耐油、耐水、耐擦洗性能。

二、结构尺寸

塑料件各尺寸应符合图样要求。可用游标卡尺和直尺、卷尺对部件进行检测。重点是检查总外形尺寸和装配中重要的尺寸，如孔（轴）径、孔（轴）位置，卡槽（头）尺寸、卡槽（头）位置，螺纹与接头是否配合恰当，这些尺寸（位置）精度有问题可能导致轴、孔、卡槽无法正常装配，或装配后使相关零部件产生较大变形。对重要的位置精度如垂直度、平行度也须重点检验，因为这些位置精度有问题可能导致产品外观出现较大的缝隙、变形或零部件相互碰撞等。图2-7所示是柜式空调器室内机接水盘。其中，M24是与外接塑料螺纹接头相连（螺纹接头再与软管相连）的关键尺寸；(500±0.2)mm则是前侧安装螺钉孔距（后侧也有两个安装螺钉孔），

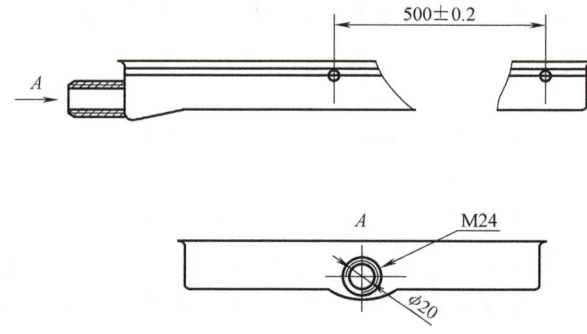

图2-7 装配关键尺寸例（接水盘）

它们都是必检的关键尺寸。如果此类尺寸不合格，将导致该接水盘无法装配，而管接头的内径φ20mm既不会严重影响排水性能，也不影响与其他零件的装配连接，故可不检。

除了对照设计图样进行结构尺寸检验外，有时还需将物料试装配，以检验物料是否符合要求；对于某尺寸是否属于装配重要尺寸，需结合装配关系与装配过程来综合判断。对于批量较大的零部件（如管道件），有时为了提高检验效率，也可设计一些检验工装，如图2-8所示，在一铝锭上按被测管道的形状尺寸铣出一凹槽，检验时，直接将管道（如铜管）放入槽内，能顺利放入则合格。

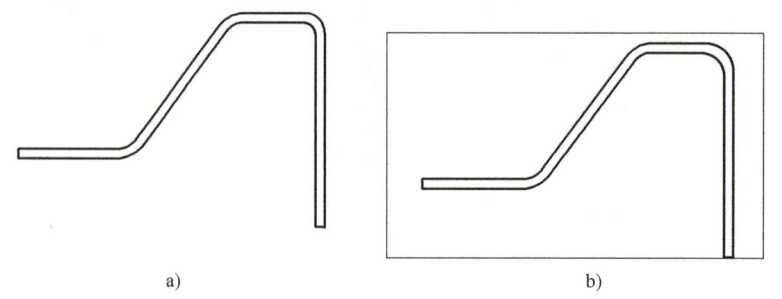

图2-8 尺寸检验工装示例（管道）
a）管道 b）检测工装

对起连接作用的螺钉孔、卡槽、箍等，应具有一定的强度要求，一般检验中以正常拆装次数来表征。如某企业规定分体空调的面板与面框间的卡头/卡槽强度须满足 100 次的正常装拆要求，而塑料螺纹孔须能经受用扭力扳手拆装螺钉四次以上等。

对于焊（粘）接而成的组件，除装配尺寸要符合要求外，焊缝（粘接缝）也应达到一定的强度要求。

三、色差

塑料件的外观颜色以及光泽度对于性能而言并不重要，但对于消费者而言，则是十分关键的指标，尤其是家电产品的外观质量很重要，所以在生产前须严格检验，检验仪器主要是色差仪（图 2-9）。色差仪是对被测物的颜色进行测定，并在色度图（图 2-10）上自动找出被测物的颜色所在的位置（即相应的 a、b 值），然后再根据此颜色的明亮度形成 L 值，以此来对颜色进行标记。

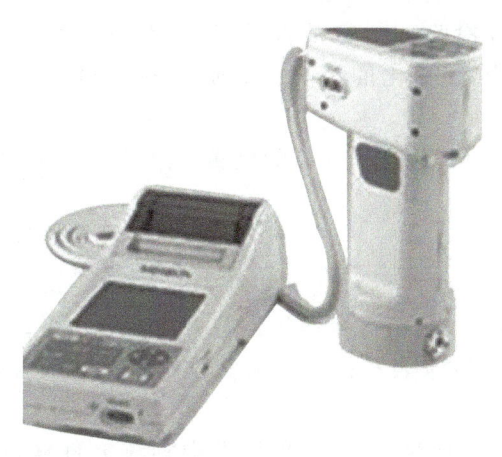

图 2-9　色差仪　　　　　　　　图 2-10　色度图

色差仪的工作原理：自动比较样板与被测物之间的颜色差异，输出 L、a、b 三组数据和比色后的 ΔE、ΔL、Δa、Δb 四组色差数据。ΔL 大表示偏亮，ΔL 小表示偏暗；Δa 大表示偏红；Δa 小表示偏绿；Δb 大表示偏黄；Δb 小表示偏蓝。

总色差 ΔE 的计算公式为

$$\Delta E = \sqrt{\Delta L^2 + \Delta a^2 + \Delta b^2}$$

四、光泽度

光泽度测量仪应用的是比较测量法，即相对于镜向光泽度标准板，对样品施以相同的入射光，在相同的镜面反射方向上以相同的条件接收反射光通量，与标准板的光通量之比，即为光泽度。标准板是折射率为 1.567 的抛光黑玻璃，以该板对自然光的镜面反射光泽度为 100 光泽度单位，以此来定义被测

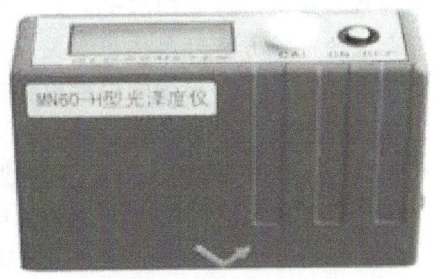

图 2-11　手持式光泽度测量仪

样板的光泽度。检测时用光泽度测试仪，可采用各种角度的入射光，其中60°最常用。图2-11所示是手持式光泽度测量仪。

五、其他检验项目

进货检验还有针对塑料件的其他一些检验项目，如塑料件的阻燃性、耐冲击强度等。

知识点二　检验的基础知识

一、检验的工作类型

进货检验也叫来料检验，是对企业外购零部件、原材料进行检验的工作。

过程检验也叫过程巡检，是对企业生产制造过程中工人执行工艺纪律、规范操作情况进行检查，经观察、分析，对存在质量隐患的工作予以改进。

成品检验是对企业生产的拟入库产品进行检验，判定是否可以入库。

出厂检验是对企业拟交货给用户的产品进行检验，判定是否可以交货。一般来讲，成品在仓库里储存的时间较短，不致引起较大质量变化的情况下，成品检验可替代出厂检验。

在线检测是指在产品生产线上对产品的一些项目指标进行测试的检测，检测过程不影响产品的加工或装配过程。

二、检验的一些术语

接收质量极限（Acceptance Quality Limit，AQL），是指可容忍的最差平均质量水平，一般以不合格（品）数或每100件产品不合格（品）数来表示；与之相反的是RQL（不合格质量水平），是指不可接收的批质量下限值。

抽样方案一般用（N，n，c）来表示，是指从批量为N的产品批中抽测n件样本，若不合格品数$\leq c$，则该批产品合格，若不合格品数$>c$，则不合格。也有用（n，Ac，Re）表示抽样方案的，Ac是指可接收的不合格（品）数，Re是指拒收的不合格（品）数。

送检的批次一般由一个生产批组成，个别情况下也可由几个生产批组成或生产批的某一部分组成。生产批是指在人（操作工人）、机（生产设备）、法（生产工艺）、料（所有材料）、环（生产环境）五个生产要素都没有变化的情况所进行的生产过程。

抽样方案的确定一般应根据当下的工艺水平、企业自身确定的质量水平，以及本次抽样检测的目的来确定检测的水平，是"正常"，还是"加严"或"放宽"，再根据批量大小来确定合理的抽检方案（具体可参见GB/T 2828.1—2012《计数抽样检验程序　第1部分：按接收质量限（AQL）检索的逐批检验抽样计划》）。

根据不合格的严重程度，分为：

A类——认为最被关注的一种类型的不合格，即此类不合格引起的问题很严重。

B类——被关注程度比A类稍低的一种类型的不合格。

C类——此项不合格引起的问题很轻。

此外，在部分产品检验中，还引入了"致命缺陷"的术语。此类不合格引起的问题比

A 类还严重，一般会造成产品直接失效、无法使用或引起人身、财产安全等重大问题。

知识点三　塑料件成型工艺

一、热成型工艺

热成型是利用热塑性塑料的片材为原料来制造塑料制品的一种方法。制造时，先将裁成一定尺寸而固定型样的片材夹在框架上并加热到热塑性状态，而后凭借施加的压力使其贴近模具的型面，因而取得与型面相仿的型样。成型后的片材冷却后，即可从模具中取出，经过适当的修整，成为制品。施加的压力主要靠片材两面的气压差，生产上大多数成型是利用抽气使片材最终贴合到模具内表面而成型的，因此这类成型也称吸塑。热成型动画可通过微知库 App 扫右侧二维码观看。

热成型动画

完整的热成型工艺过程包括坯件准备、加热、成型、冷却脱模和制件后处理。

1. 坯件准备

坯件准备首先是确定坯件的形状和尺寸，此时要考虑变形特点和拉伸程度。通常先进行展开图估算，然后利用估算的形状和尺寸进行试验修正，最后确定坯件的形状和尺寸。从片材上按坯件图下料常采用冲裁、锯切、剪切和熔割等机加工方法。

2. 加热

热成型工艺中，坯件是在热塑性塑料热塑状态的温度范围内拉伸成型的，故成型前必须将坯件加热到规定的温度，加热时间一般占整个热成型时间的 50%~80%。坯件加热的要求是：加热要均匀，一般采用双面加热，并严格控制片材的厚度偏差。加热温度要严格控制，温度太高，片材会在夹持架上过分下垂，甚至发生热降解；温度太低，拉伸成型制品在变形最大区域会出现发白的拉伸花纹。

3. 成型

热成型的方法有很多，在此仅介绍冰箱内胆热成型中应用较广的气胀预拉伸热成型过程。

气胀预拉伸成型是利用高压空气的"吹胀"作用，使预热片材受到预拉伸。用于吹胀预热片材的高压空气，可以是从外部引入的压缩空气，也可以是直接压缩气室内空气的产物。气胀预拉伸后的预热片材，通常依靠抽真空而紧贴到凹模型腔壁或凸模表面而取得制品的型样。

用压缩空气的吹胀作用使预热片材预拉伸，再借助抽真空使其完成造型过程的方法常称为"回吸凹模真空成型"，其成型过程如图 2-12 所示。成型开始时，预热片材被紧压到凹模的顶面上，由于预热片材具有的"密封盖板作用"而使模腔成为封闭的气室，在压缩空气导入气室后，预热片材立即被"吹胀"成泡状物。当泡状物的球面达到预定尺寸时，立即停止导入压缩空气而改为抽真空，真空力将泡状物反吸入模腔并使其紧贴模腔壁以取得制品的型样。

成型的基本要求：使所得制品壁厚尽可能均匀。而实际成型中壁厚不均匀的原因主要有以下两方面：一方面是坯件各部分受拉伸程度不同，在热成型工艺中，坯件在变形过程中，各部位与模腔或模塞（柱塞）接触的时间有先后之分，先接触的部位由于受到模腔或模塞的表面摩擦以及表面冷却，而使得该部位的坯件变形速率低于其他部位，从而使壁厚不均匀；另一方面是拉伸速度的影响，过高的拉伸速度会使坯件流动不足而使制品壁厚不均，过

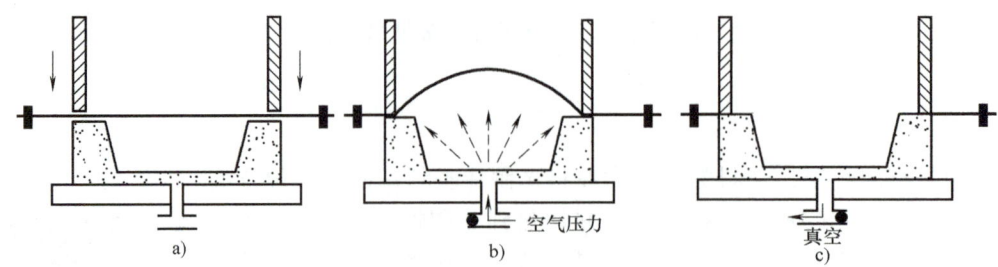

图 2-12 气胀预拉伸回吸凹模真空成型
a) 预热片材夹持　b) 材料预拉伸　c) 片材反吸成型

低的拉伸速度会因坯件的降温引起变形能力下降,从而使制品出现拉伸花纹甚至裂纹。在材料相同的条件下,成型温度越高,变形速率应越快。

4. 冷却脱模

热成型制品一般都能顺利脱模,偶尔因聚合物分解或模腔粗糙引起脱模困难时,可在成型面上涂抹脱模剂。常用的脱模剂有硬脂酸锌、二硫化钼、含有机硅油的甲苯溶液。

5. 制件后处理

热成型制件的后处理主要是修整、热处理和调湿处理。

修整主要是切除飞边,将边缘修整光滑。大批量时在专用设备上修整,小批量时手工修整。热处理一般应在修整和所有机加工之后进行。

当成型制件截面尺寸大、形状复杂时,在成型冷却过程中,常因制件各处的冷却速度相差太大而形成较大的内应力,这使得制件在随后的机加工或使用时极易形成裂纹。消除制品内应力的措施是对制件进行热处理,具体方法是将制品放入一定温度(高于使用温度 10~20℃ 或低于热变形温度 10~20℃)的介质(矿物油、甘油、空气等)中保持一段时间,时间长短与制品壁厚、制品材料有关,然后再缓慢冷却至室温。

用吸水性较强的材料(如聚酰胺)成型的制品放置在空气中,会因材料不断吸湿而不断膨胀,且需经过很长时间才能达到水分平衡状态,从而使制品尺寸在较长时间内都不稳定。为了加速吸湿平衡,需要对制品进行调湿处理,具体方法是将制品放入热水、热醋酸水溶液或热油水中。通过调湿处理,除了能加速吸水平衡外,还会增强制品的柔韧性,消除制品内应力。

二、注射模塑(简称注塑)

1. 注塑成型工艺原理

如图 2-13 所示,注塑的过程是将粒状或粉状塑料从注射机的料斗送进加热的料筒,经加热熔化呈流动状态后,由柱塞或螺杆推动而通过料筒端部的喷嘴注入温度较低的闭合塑模中。充满塑模的熔料在受压的情况下,经冷却固化后即可保持塑模型腔所赋予的型样。最后松开模具就能从中取得制件,并在操作上完成了一个模塑周期。注塑动画可通过微知库 App 扫右侧二维码观看。

注塑动画

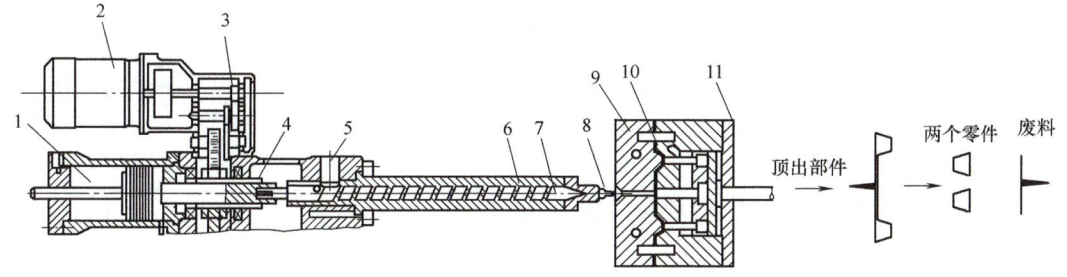

图 2-13 注塑成型工艺原理

1—液压缸　2—电动机　3—传动齿轮　4—滑键　5—进料口　6—料筒
7—螺杆　8—喷嘴　9—固定模板　10—制件　11—活动模板

由于注塑具有成型周期短,能一次成型外形复杂、尺寸精确,带有金属或非金属嵌件的塑料模制品,对成型各种塑料的适应性强,生产率高,易于实现全自动化生产等一系列优点,是一种比较经济而先进的成型技术,因此发展迅速。目前家用空调器上采用注塑的主要零件有面板(ABS 或 HIPS)、电控盒(ABS、AS、PS,PS 阻燃性最好,但脆性大)、底盘(改性 PP)、风扇叶(AS+15%~20%玻璃纤维)。

2. 注塑成型工艺过程

注塑成型工艺过程包括成型准备、注射成型过程和制件后处理。

(1) 成型准备　为使注塑过程顺利进行和保证产品质量,应对所用的设备和塑料做好以下准备工作。

1) 成型前对原料的预处理。根据各塑料的特性及供料状况,成型前应对原料进行外观(色泽、粒度大小、均匀)和工艺性能检验(熔融指数、流动性、收缩率等)。如果来料是粉料,有时还必须进行着色和造粒,此外还需要干燥粒料。

2) 料筒的清洗。在初用某种塑料或某一注射机前,或者生产需要改变产品、更换原料、调色以及发现射料中有分解现象时,都需要对注射机(主要是料筒)进行清洗。

3) 嵌件的预热。为了满足装配和使用强度的要求,塑料制件内常需要嵌入金属嵌件。注塑前,应先将嵌件放入模具内的预定位置,然后才能在成型后使其与塑料成为一体。由于金属嵌件的热性能和收缩率与塑料相差较大,因而嵌件周围的塑料易产生裂纹,应用中对金属嵌件进行预热是一项有效的解决措施。

4) 脱模剂的使用。无论使用哪种脱模剂,都应适量。

(2) 注塑成型过程　完整的注塑成型过程实质上只有塑化和流动与冷却两个过程。

1) 塑化。塑化是指塑料在料筒内经加热达到流动状态并具有良好可塑性的全过程。生产工艺对这一过程的要求:塑料在进入模腔之前应达到规定的成型温度并能在规定时间内提供足够数量的熔融塑料,熔料各点温度应均匀一致,不发生或极少发生热分解,以保证生产的连续进行。由图 2-14 可见,螺杆式注射机塑化温度较为均匀。

2) 流动与冷却。这一过程是指用柱塞或螺杆的推动将具有流动性和温度均匀的塑料注入模具开始,而后经过型腔注满、熔料在控制条件下冷固定型,直到制品从模具中脱出为止的过程。熔料自料筒注入模具需要克服一系列阻力(包括熔料与料筒、喷嘴,浇注系统和型腔的外摩擦以及熔体的内摩擦），与此同时，还需要对熔料进行压实，因此所用注射压力是很高的。在制件冷却过程中，应尽量使制件各部位冷却速度相等。若冷却过急，易造成冷却速度严重不一而增大制品内应力。

（3）制件后处理　制件后处理主要是热处理和调湿处理。

三、塑料发泡

泡沫塑料在制冷行业中主要用于保温、密封（针对风道的）及包装材料，其应用见表2-13。

不同材料、不同用途的泡沫采用不同的发泡工艺。下面仅介绍电冰箱箱体PU硬质闭孔型泡沫的发泡工艺。

硬质聚氨酯发泡工艺流程如图2-15所示。

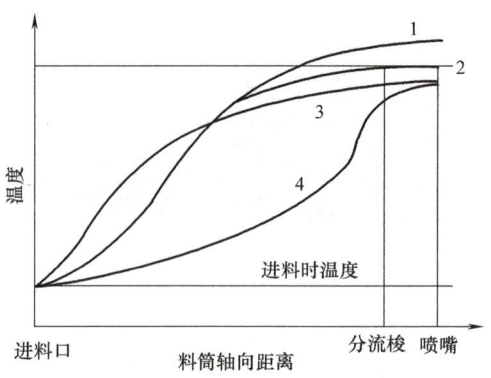

图2-14　注射机料筒内塑料温升图
1—螺杆式注射机（靠近料筒的物料）
2—螺杆式注射机（中心部分物料）
3—柱塞式注射机（靠近料筒的物料）
4—柱塞式注射机（中心部分物料）

表2-13　泡沫塑料在制冷装置上的应用

应用项目 \ 用途	保温	（风道）密封	包装/吸振
家用冰箱/冷库	电冰箱壳体的保温层 材料：PUF/PU（聚氨酯）泡沫		包装泡沫 材料：EPS（聚苯乙烯）泡沫
家用空调	1. 风道保温防漏风海绵 材料：PU（聚氨酯）泡沫（软质蜂窝状） 2. 蒸发器外接管保温层 材料：橡胶发泡（橡胶非塑料）	蒸发器、风道防漏水海绵 材料：PE（聚乙烯）泡沫（软质、致密、无孔）	风道结构件（如蜗壳） 材料：EPS（聚苯乙烯）泡沫（密度比包装用略大）
大中型管道	EPS（聚苯乙烯）或PU（聚氨酯）泡沫		

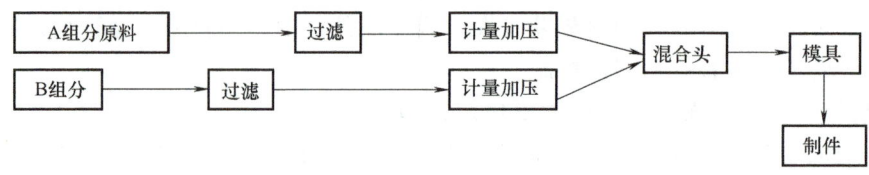

图2-15　硬质聚氨酯发泡工艺流程

以电冰箱壳体隔热层发泡为例，其工艺流程为：

1）先把电冰箱壳体预加热到40℃左右。
2）把加热后的电冰箱壳体装入发泡压紧模里。
3）起动发泡机从压紧模注入口注入混合料（混合料的温度为20~30℃），开始发泡。
4）保温，促使聚氨酯熟化（熟化温度为45~60℃），对于硬质聚氨酯泡沫又叫固化或硬化。

5）经固化一段时间（一般为几分钟到十几分钟）后，进行脱模，完成发泡。

电冰箱箱体的发泡工艺动画可用微知库 App 扫右侧二维码观看。

制冷装置使用聚氨酯硬泡沫主要起隔热作用，所以首先要热导率小，其次要密度小（箱体内泡沫各点密度要均匀），吸水性小，有一定的强度。如果内胆或外壳采用塑料，还要求对塑料的腐蚀性小。目前只要严格把住质量关，按照工艺流程科学组织生产，聚氨酯硬泡沫性能均可符合以上要求，所以它是一种较理想的制冷装置隔热材料。

电冰箱箱体的发泡工艺动画

任务实施、评分与反馈

1. 任务实施

材料及工、量具：遥控器面板、遥控器电路板（含液晶及导电胶条）、遥控器塑料底盒、游标卡尺、色差仪、光泽度测量仪、透光测试仪和螺钉旋具。遥控器面板设计图样如图 2-16 所示。测量与检验过程讲解可通过微知库 App 扫右侧二维码进行学习。

测量与检验过程讲解

1）用游标卡尺检测各关键尺寸。
2）目测遥控器面板的各种外观缺陷。
3）用色差仪测量遥控器面板与塑料底盒之间的色差。
4）用透光测试仪测遥控器面板液晶窗的透光率。
5）试装配（遥控器面板与电路板）。
6）填写检验报告，见表 2-14。

表 2-14 进货检验报告（样表）

IQC 进货检验报告					
检验日期：		报告编号：			
供应商：		送货单号：		来料数量：50	
产品名称：		型号：		适用机型：	
抽样标准：GB/T 2828 　检验水平：Ⅰ　Ⅱ　Ⅲ　AQL=1.5					
抽样数：$n=1$　允许不合格数：$A=0$　$B=0$　$C=2$　拒收不合格数：$A=1$　$B=1$　$C=3$					
检验项目	检验标准	检验结果（图中位置，应有值，实测值）		判定（类别）	备注
结构尺寸	IQC/5-1	位置 A1：$(24±0.22)$mm；实测 24.10mm		合格	
外观	IQC-1/1-2	A3 位置背面：白纹，1 条 3mm		不合格（C）	
……					
……					
……					
……					
本批判定：合格　不合格　　检验员：　　　审核：					
不合格批的处理评审： 　1. 拒收，在　　年　　月　　日前补　　件。 　2. 不影响功能，入库使用。 　3. 挑选使用，不良品自行加工再用。 　4. 挑选使用，不良品退回供货方。					
评审人员：（工艺、品质、仓管、采购）					

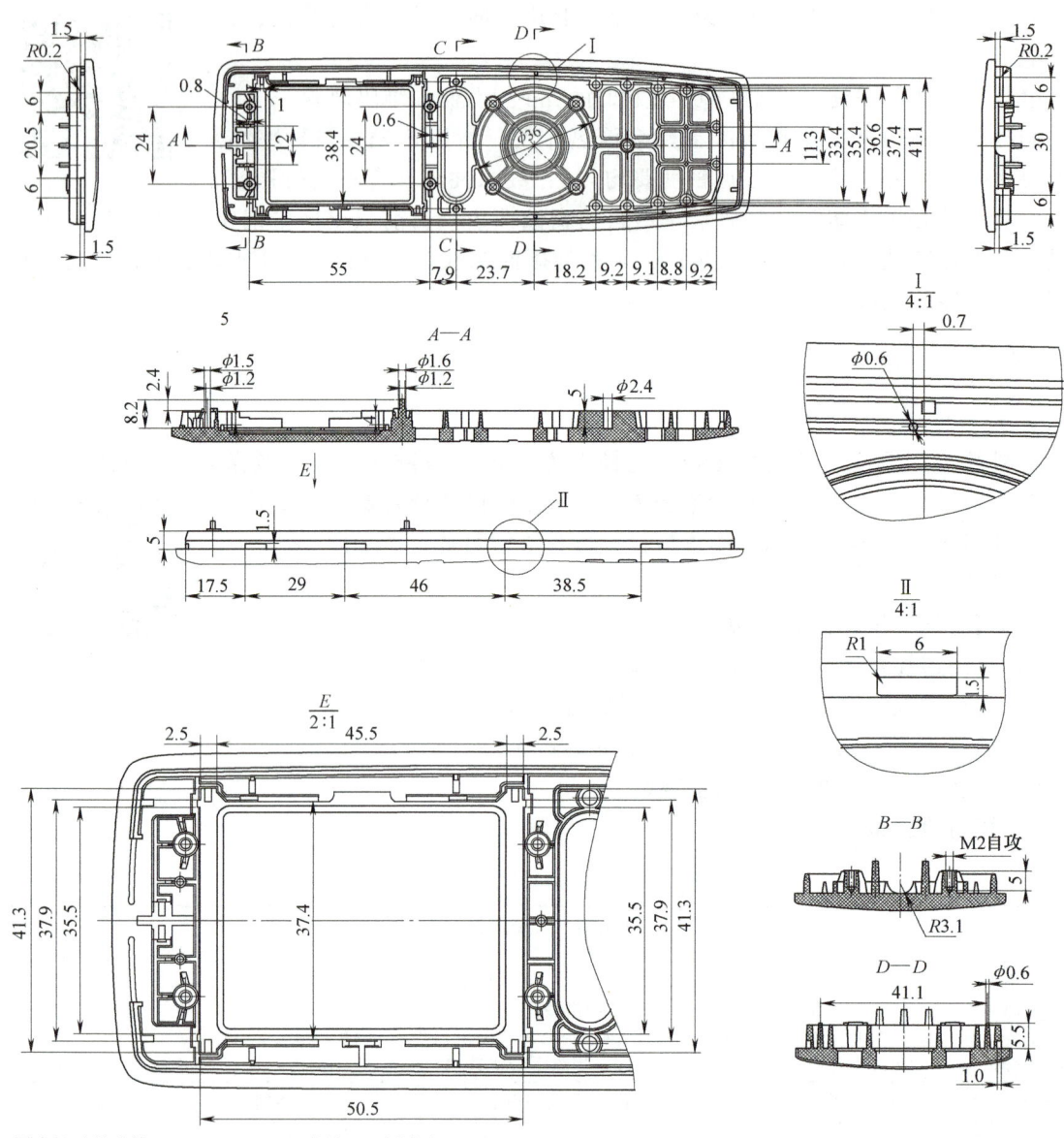

图中尺寸精度按GB/T 14486—2008中的MT6级选取

图 2-16 遥控器面板设计图样

2. 检测评分

将任务完成情况的检测与评分填入表 2-15 中。

表 2-15 任务实施检测评分表

序号	检测项目	检测内容及要求	配分	学生自检	学生互检	教师检测	得分
1	职业素养	文明礼仪	5				
2		工作态度	5				

（续）

序号	检测项目	检测内容及要求	配分	学生自检	学生互检	教师检测	得分
3	技能水平	拆解过程	20				
4		测量规范	30				
5		结果与表达	30				
6	现场整理	器具归还、零件复原	10				
	综合评价						

3. 任务反馈

请将检验过程的检验实操及合格判断中的经验与教训写下来，填入表2-16，并提出教与学的建议，以便师生共同提高。

表2-16 任务实施反馈表

序号	任务实施成功（或不足）之处	原因分析	改进建议

思考与练习

1. 简述进货检验的意义与必要性。
2. 简述塑料件的外观质量检测内容。
3. 简述热成型的工艺原理。
4. 简述注塑成型的工艺原理。
5. 简述电冰箱箱体发泡的工艺过程。
6. 不合格项目按其对性能影响的严重程度，分为哪几类？

任务三 工艺审查

任务描述

本任务要求对钣金件的设计图进行工艺审查。完成本任务，需根据图样辨识各种结构采用了什么冲压工艺，并根据不同的冲压工艺，查找相应的工艺要求，对设计图中不符合工艺要求之处，向设计人员提出修改建议。

知识目标

➢ 掌握钣金的冲裁、弯曲、拉深、翻边的工艺过程。
➢ 掌握冲裁、弯曲、拉深、翻边的工艺要求。
➢ 了解钣金冲压模具、压力机的基本结构。

- 了解钣金冲压件的质量影响因素。
- 了解工艺审查的工作内容。
- 了解工艺审查的工作依据。

技能目标

- 能根据零部件（钣金件）的工艺特点对设计图进行工艺审查，并提出修改建议。

知识准备

冲压工艺是塑性加工的基本方法之一。它主要用于加工板料零件，所以有时也称为板料冲压。

冲压生产靠模具和冲压设备完成加工过程，所以它的生产率高，而且操作简便，这对实现机械化与自动化很有利。

冲压产品的尺寸精度是由模具保证的，所以重复性好，质量稳定。

冲压设备有剪床和压力机。剪床用于冲压件坯料剪切下料或冲压件的修边。压力机用于将坯料冲压成形为所需形状与尺寸的零件。常用的开式压力机如图2-17所示。

工艺审查要求技术人员能识别零件的加工工艺，根据具体的工艺要求判断设计图样是否有不足之处，因此了解相关工艺特点和相关工艺要求是进行工艺审查必不可少的知识。

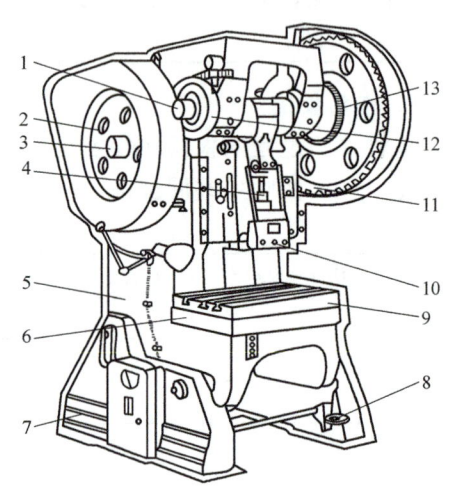

图2-17　开式压力机

1—曲轴　2—带轮　3—传动轴　4—连杆　5—床身　6—工作台　7—底座　8—脚踏板　9—垫板　10—滑块　11—飞轮　12—制动器　13—离合器

知识点一　金属冲压加工用材料

金属材料的种类和规格繁多，那么如何选择冲压用的材料呢？选择原则有两条：一条是满足产品的使用性能；另一条是满足冲压工艺性。

为适应冲压工艺性需要，对金属材料提出以下要求。

1) 材料　应具有良好的塑性。这里的塑性主要是指材料的伸长率和断面收缩率。

2) 材料　应具有合适的晶粒度。一般来说，金属的晶粒细小，则塑性大，对变形有利。国家标准将钢的晶粒度分为8级，其中最适合冲压加工的是6级。但是，晶粒细小又使材料的强度和硬度提高，从而使模具的寿命降低，因此冲压用金属材料的晶粒又不能太细小。

3) 材料应达到一定的标准要求。这些要求主要表现在四个方面。第一方面是表面无缺陷。板材表面常存在的缺陷有裂纹、划痕、凹陷、分层、气泡、擦伤等。这些缺陷在冲压过程中往往引起工件破裂。第二方面是表面要平整。板材表面若不平整，就给送料、定位、金属变形带来不利的影响。例如，翘曲不平会给剪切带来困难，在冲压过程中由于定位不稳造成废品或损坏模具。第三方面是表面光洁无锈蚀。如果板材表面粗糙，存在着锈蚀、氧化皮，就会缩短模具的使用寿命。第四方面是严格控制板材公差。板材公差是指板材长度、宽度、厚度三个方向尺寸的公差。它们对冲压加工都会产生一定的影响。例如，条料的长度和宽度公差对条料在冲模中的定位，以及冲压件是否会缺边、缺角产生影响；而板材的厚度公差更是直接影响冲压件的加工质量。例如，若材料厚度超过了规定公差的上限值（即过厚），则会造成冲压件表面划伤、断裂等缺陷，甚至会损坏模具和设备。

一、冲压常用的黑色金属材料

普通碳素结构钢中常用的牌号有 Q195、Q215A、Q235A。这些牌号主要用于冲压平板类制件或变形量小的简单制件，在制冷装置中常用于冲压各种设备的外壳及内部支撑定位等结构件。

优质碳素结构钢中常用的牌号有 08、08F、20、35，工业中 08 钢用量最大。

家用电器所用电动机定子铁心均由硅钢片冲压而成，一般采用 50W470、50W600、50W800 等。

图 2-18 冲裁过程

二、冲压常用的有色金属材料

铜和铜合金：纯铜常用的牌号有 T1、T2、T3；黄铜常用的牌号有 H62、H68。

铝及铝合金：铝的导热性及塑性好，制冷装置中常用于换热管、连接管及换热器翅片；铝合金常用于机械零件及日用小五金件等。

知识点二　钣金冲裁工艺特点及要求

板料冲裁基本工序可分为分离工序和变形工序两大类。延伸阅读可通过微知库 App 扫右侧二维码。

按变形性质归类，冲裁不仅包括落料和冲孔，还包括切边、切口、剖切等工序。冲裁可以直接完成零件加工，也可以为弯曲、拉深、成形和冷挤压等工序准备毛坯。冲裁是冲压生产中的重要工序之一。

分离工序与变形工序

一、冲裁工艺特点

为了掌握冲裁工艺，控制冲裁件的质量，认真分析冲裁时板料分离过程是非常必要的。

冲裁的变形、分离过程分为三个阶段，如图 2-18 所示。冲裁变形过程的动画可通过微知库 App 扫右侧二维码观看。

冲裁变形过程的动画

常见的钣金冲裁件如图 2-19 所示，图中的各类孔、槽缝、条边都是利用冲裁工艺加工的，包括整个零件的外边缘也都是靠冲裁来完成的。

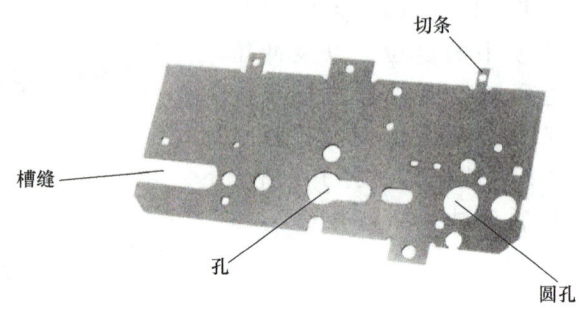

图 2-19　钣金冲裁件

二、冲裁工艺要求

冲裁件的工艺性是指冲裁件对冲裁工艺的适应性，即冲裁件的形状结构、尺寸大小及偏差要求等是否符合冲裁加工的工艺要求。

冲裁加工的工艺要求如下：

1) 冲裁件的技术要求必须符合冲裁所能达到的尺寸公差等级（IT9）和断面质量（$Ra6.3\sim12.5\mu m$）。

2) 冲裁件的形状应尽可能简单、对称，排样废料少。

3) 冲裁件的外形或内孔的交角处应避免尖锐的转角，应有一定的圆角半径［对于低碳钢，一般大于>0.6t（t 为板厚）］。

4) 冲裁件应避免有窄长的切口和过窄的切槽，否则将降低模具寿命和工件质量。如图 2-20 所示，一般 $B\geqslant 1.5t$，t 为材料厚度（mm）。当 $t<1mm$ 时，以 $t=1mm$ 计算。硬钢取 $B=(2\sim 2.25)t$，软钢、铜、铝取 $B=(1.1\sim 1.2)t$。

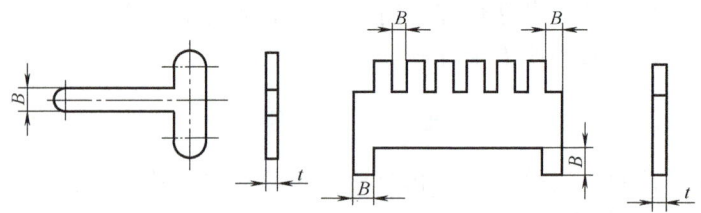

图 2-20　冲裁件的切口和切槽

5) 冲孔的孔径不宜过小。最小孔径与材料性能及其厚度 t 有关。硬金属 $d\geqslant(0.9\sim 1.35)t$；软金属 $d\geqslant(0.5\sim 0.8)t$，非金属 $d\geqslant(0.3\sim 0.6)t$。其中，d 为自由凸模（即无保护套）冲孔的直径尺寸。硬钢 $d_f\geqslant(0.3\sim 0.5)t$，软金属 $d_f\geqslant(0.28\sim 0.35)t$。其中，$d_f$ 为凸模护套冲孔的直径尺寸。

6) 冲裁件孔与孔、孔与边缘的距离不应过小，否则会产生孔与孔间材料的扭曲或使边缘材料变形。当冲孔边缘与工件外形边缘不平行时，应不小于 t，平行时应不小于 1.5t。

7) 标注冲裁件尺寸时，其基准应尽可能与制造及制模的定位基准重合，并选择在冲裁过程中不变形的面或线上。如图 2-21 所示，图 2-21a 所示的标注不合理，因为模具的磨损，

B、C 都必须有较大的公差，结果造成孔中心距不稳定；改用图 2-21b 所示的标注克服了该缺点，较合理。

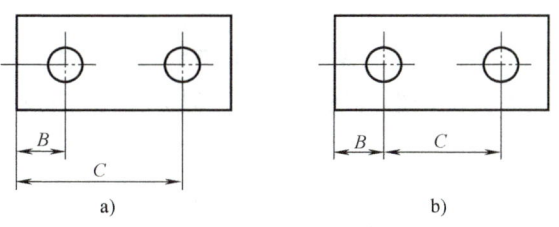

图 2-21　冲裁件的尺寸标注

知识点三　钣金拉深工艺特点及工艺要求

一、拉深工艺特点

拉深是指将一定形状的平板毛坯，通过拉深模制成各种形状的开口空心零件，或以开口空心零件为毛坯通过拉深模进一步使空心件毛坯改变形状和尺寸的工艺。

拉深工艺可分为两大类。一类是以平板为毛坯，在拉深过程中平均壁厚不变薄，称为不变薄拉深；另一类是以空心有底开口零件为毛坯，拉深的主要目的是减小壁厚，制造底厚壁薄的零件（如弹壳），叫作变薄拉深。通常所谓的拉深是指不变薄拉深。

图 2-22 所示为常见拉深零件。

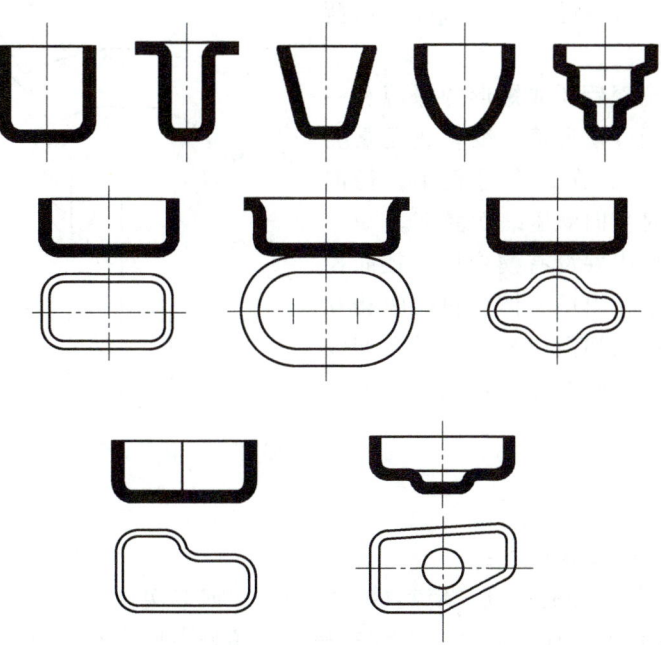

图 2-22　常见拉深件

拉深工艺广泛用于电子、电气、航空、航天、仪表及汽车、拖拉机等各种工业部门和日用品生产中。

拉深件的形状可为圆筒形或盒形，其侧壁既有垂直、倾斜的面又有曲面的。拉深件的尺寸范围也很广，小型的可以小到直径仅 6mm（如电阻的盖帽），大型的如飞机、汽车的外壳。

圆形平板毛坯的筒形件拉是应用最普遍、最典型的拉深工艺。

如图 2-23 所示，一定厚度的圆形毛坯 2，通过凸模 1 顶入凹模 3，最后使平板圆形毛坯加工成筒形零件 4。

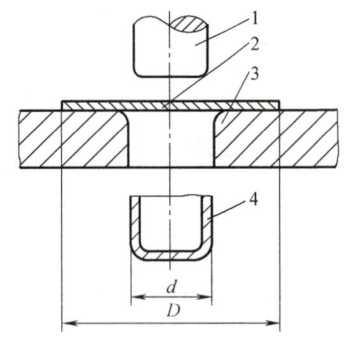

图 2-23　圆筒件的拉深

1—凸模　2—圆形毛坯　3—凹模　4—筒形零件

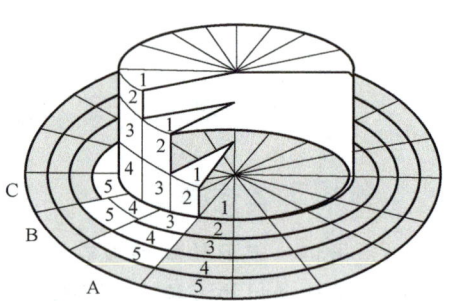

图 2-24　拉深过程中金属流动演变过程

拉深模具的凸模将金属板料拉入凹模的孔中，假设金属的体积和厚度保持不变，毛坯的最终形状将与凸模相似。图 2-24 所示为拉深过程中金属流动演变过程。

关于拉深的视频可通过微知库 App 扫右侧二维码进行延伸阅读。

扇形小单元体拉深后变成矩形的原因和一块扇形毛坯被拉着通过楔形槽的变化过程是类似的，如图 2-25 所示，在这个过程中，径向受拉深被拉长，同时切向受压缩而变窄。

在实际拉深过程中并没有楔形槽，径向拉深力是在凸模作用下，由单元体材料之间相互拉扯作用而产生的；而切向压缩力也是在切线方向由小单元体材料之间的相互挤压作用而产生的。

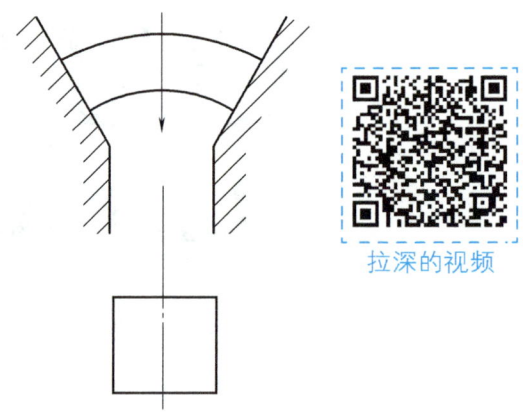

图 2-25　扇形变形成矩形

二、拉深工艺要求

对拉深件的工艺性要求如下：

1）应尽量减小拉深件的高度，使其尽可能用一次或二次拉深工序来完成。

2）在设计拉深件时，应注明必须保证的是外形还是内形，不能同时标注内、外尺寸。

3）如图 2-26 所示，圆角半径应满足：$r_p \geq t$，$r_a \geq 2t$。否则，应增加整形工序。

4）矩形盒角部分的圆角半径 $r_g \geq 3t$，为了减少拉深次数，应尽可能取 $r_g \geq H/5$（H 为盒形件高度）。

5）拉深件的厚度，在不变薄拉深中按工艺变形规律，上下壁厚为 $0.6t \sim 1.2t$，矩形盒四角处也要变厚。

6）多次拉深的零件外壁上或拉深的凸缘表面上，允许在拉深过程中产生印痕，并且在开口部位允许有回弹，但必须保证在公差范围之内。

7）拉深件断面尺寸公差等级一般在 IT11 以下。如果公差等级要求高，可采取整形来达到尺寸要求。而拉深件的高度可通过切边给予修正。

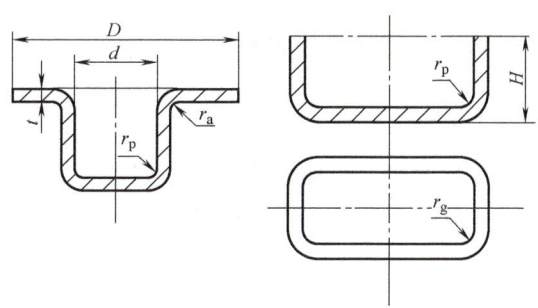

图 2-26 拉深件的工艺性

知识点四 钣金弯曲工艺特点及工艺要求

把平板毛坯、棒料、型材或管材弯成一定曲率、角度和形状的工序称为弯曲。由于弯曲件的形状和使用的工装及设备的不同，弯曲方法可以分为压弯、折弯、滚弯和绕弯等，如图 2-27 所示。常见的板料弯曲是利用模具在压力机上进行压弯的，此外，也可在弯板机、拉弯机和自动弯曲机上完成弯曲成形。尽管各种弯曲方法和使用的工装有所不同，但其变形过程和变形特点都具有共同的规律。钣金弯曲动画可通过微知库 App 扫右侧二维码观看。本知识点主要介绍板料在普通压力机上进行压弯的工艺。

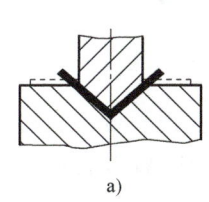 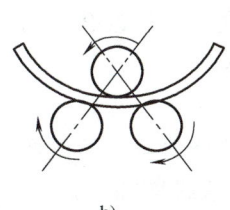 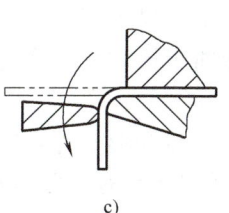 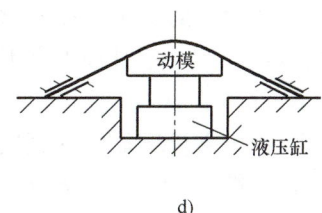

a)   b)   c)   d)

图 2-27 常见弯曲方法

a) 模具弯曲 b) 滚弯 c) 拆弯 d) 拉弯

一、弯曲变形特点

如图 2-28 所示，弯曲变形时在板料的 A 处，受到凸模所加的作用力 $2P$，在凹模左右支承点 B 处，则产生反作用力 P。弯曲力矩 $M = PL$。随着弯曲的继续进行，毛坯在凸模压力下与凹模工作表面渐渐靠紧，凹模支承点 B 不断下移，使力臂与弯曲半径 R 减小，

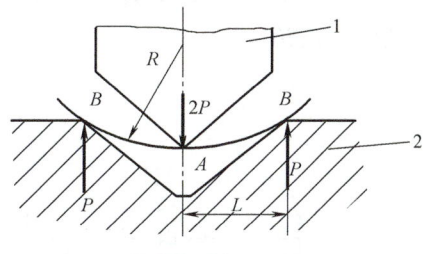

图 2-28 料弯曲过程

1—凸模 2—凹模

钣金弯曲动画

而外力 P 却逐渐加大，同时弯矩增大，毛坯开始出现塑性变形，并由表及里扩展。到压力机行程终了时，板料的圆角直边与模具完全靠紧，完成弯曲变形，弯曲后制件会产生回弹，

即弯曲角会在冲压加工卸料后变大。

图 2-29 所示为常见的钣金弯曲件。

二、弯曲工艺要求

具有良好工艺性的弯曲件，不仅能简化弯曲工艺过程和模具的设计，而且还能使弯曲工序最少、废品率最低、操作方便和得到良好的经济效果。

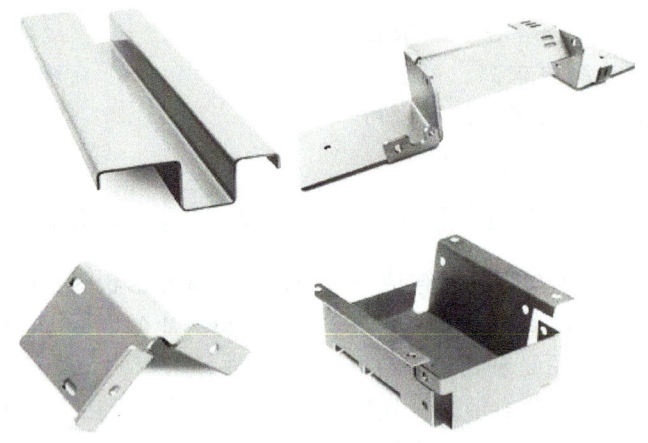

图 2-29 常见的钣金弯曲件

1. 弯曲半径

弯曲件的圆角半径不宜过小，以免产生弯曲裂纹。由于钣金件的厚度都较薄，只要材料塑料不太差，一般都不会因弯曲半径太小而产生裂纹。

2. 弯边长度

因为靠近变形区的直边要参与变形，并且产生其外力矩，所以弯曲件的直边长度不宜过小，如图 2-30 所示，$H \geq 2t$。当 $H < 2t$ 时，须进行压槽或增加直边长度，待弯曲后再去掉加长部分，如图 2-31 中工件右侧的直边。

3. 弯曲线位置

弯曲线不应位于制件宽度的突变处，以免发生撕裂现象。若必须在突变处弯曲，应事先冲工艺孔或工艺槽，如图 2-32 所示。另外，在毛坯落料排样时，应尽可能使弯曲线垂直于板料的辗纹方向或倾斜一定角度。

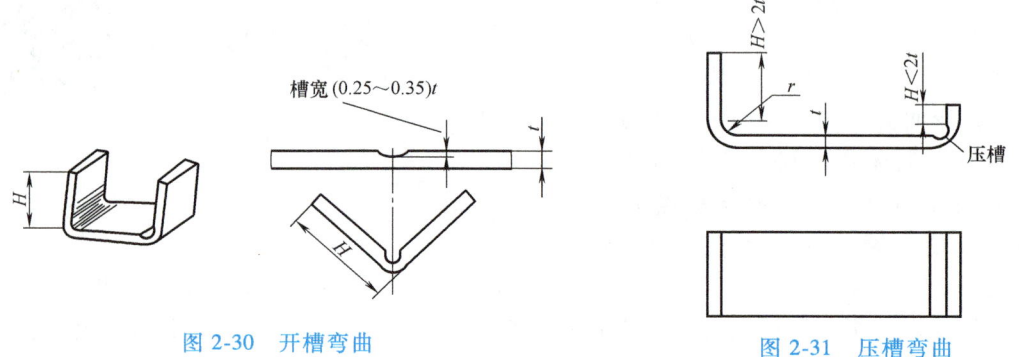

图 2-30 开槽弯曲　　　　　　　　图 2-31 压槽弯曲

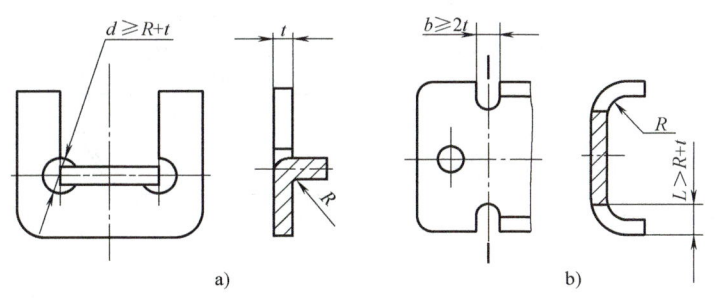

图 2-32 弯曲线位置
a）工艺槽　b）工艺孔

4. 孔与槽的位置

带有孔或槽的弯曲件，为了防止孔、槽在弯曲中变形，必须保证孔、槽边沿距弯曲线有一定的距离（图 2-33）。当 $t<2mm$ 时，$L \geq t$；当 $t \geq 2mm$ 时，$L \geq 2t$，否则应采取图 2-33b 或图 2-33c 所示的工艺措施。对于开口制件，可以在弯曲变形后再切槽，如图 2-34 所示。

5. 弯曲件的力平衡

弯曲过程中，制件的受力平衡有利于防止毛坯在弯曲时产生移动和保证制件质量。如采用工艺孔定位，防止制件移动，或采用对称弯曲。对于单边弯曲件，有一模两件对称摆放弯曲和成对弯曲后再切成两件，以保证弯曲过程中受力平衡。

6. 弯曲件精度

弯曲件的精度与很多因素有关，如弯曲件材料的力学性能和料厚，模具结构和模具的精度，弯曲工序的多少和工序的先后顺序，弯曲模的安装与调整情况，以及弯曲件本身的形状、尺寸等。

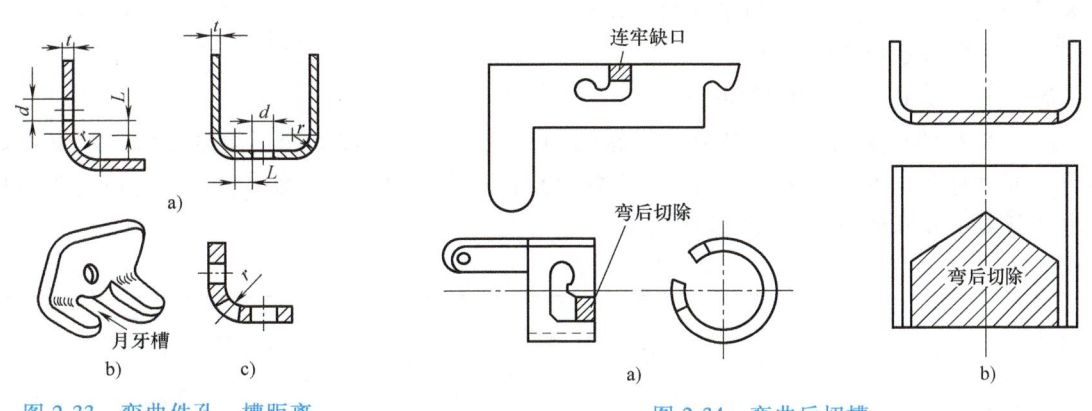

图 2-33　弯曲件孔、槽距离
a）孔边距　b）月牙槽　c）工艺孔

图 2-34　弯曲后切槽

知识点五　钣金翻边工艺特点及工艺要求

翻边是在模具的作用下，将坯料的孔边缘或外边缘冲制成竖立边的成形方法。根据坯料边缘状态的应力和应变状态及模具间隙的不同，翻边可以分为内孔翻边和外缘翻边（图 2-35），也可分为伸长类翻边和压缩类翻边，还可分为变薄翻边和不变薄翻边。

内孔翻边是在预先冲好孔的毛坯上（有时也可不预先冲孔），依靠材料的拉伸，沿一定的曲线翻成竖立凸缘的冲压方法。

外缘翻边是沿毛坯的曲边，借材料的拉伸或压缩，形成高度不大的竖边。

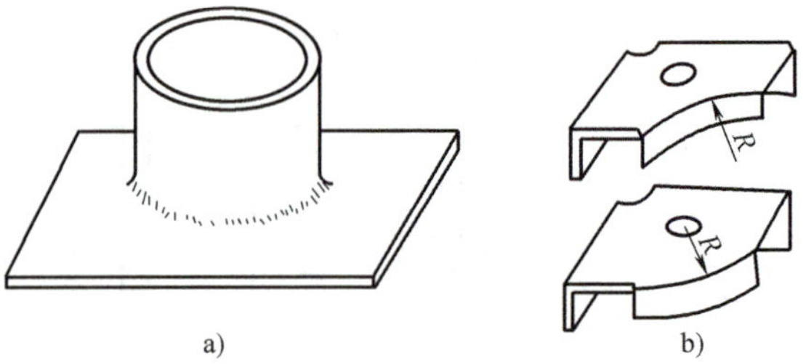

图 2-35 坯料翻边
a）内孔翻边　b）外缘翻边

一、内孔翻边

1. 变形特点

内孔翻边时材料在径向所受的拉应力和产生的变形不大。内孔翻边时切向拉应力是最主要的应力，切向拉应变为最主要的应变。翻边时，变形区内材料厚度要变薄，在筒形边口部变薄最严重，最容易产生裂纹。

内孔翻边的变形特点：变形区材料处于单向拉伸或双向拉伸的应力状态，在切向的伸长变形大于径向的压缩变形，因而材料厚度变薄，这种翻边属于伸长类翻边。

2. 翻边系数

如图 2-36 所示，内孔翻边变形程度的大小用翻边系数 K 表示。即

$$K = \frac{d_0}{D}$$

式中　d_0——翻边前预制孔径；
　　　D——翻边后平均孔径（以板厚中线计量）。

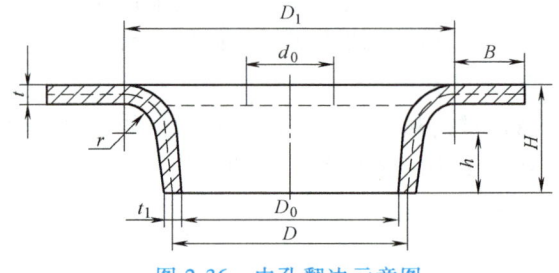

图 2-36 内孔翻边示意图

翻边系数描述了翻边的变形程度，显然 K 值越大，变形就越小。为了使口部不产生裂纹，翻边系数不能过小。

影响翻边系数的主要因素如下：

（1）材料的种类及其力学性能　材料的塑性越好，所允许的变形程度越大，K 值可取小值。翻边时孔口不破裂所能达到的最小翻边系数称为极限翻边系数 $K_{\min}$。表 2-17、表 2-18 列出了低碳钢及其他材料的极限翻边系数。

表 2-17 低碳钢的内孔极限翻边系数 $K_{\min}$

翻边方法	孔的加工方法	比值 d_0/t									
		100	50	35	20	15	10	8	6.5	5	3	1
球形凸模	钻后去毛刺	0.70	0.60	0.52	0.45	0.40	0.36	0.33	0.31	0.30	0.25	0.20
	用冲孔模冲孔	0.75	0.65	0.57	0.52	0.48	0.45	0.44	0.43	0.42	0.42	—
圆柱形凸模	钻后去毛刺	0.80	0.70	0.60	0.50	0.45	0.42	0.40	0.37	0.35	0.30	0.25
	用冲孔模冲孔	0.85	0.75	0.65	0.60	0.55	0.52	0.50	0.50	0.48	0.47	—

方孔或其他非圆孔翻边时，其值可减少 10%~15%。

（2）材料的相对厚度（d_0/t）　翻孔前的孔径 d_0 和材料的厚度 t 的比值（d_0/t）越小，即材料的相对厚度越大，材料的绝对伸长可以越大些，故极限翻边系数相应可以小些。

（3）预制孔的边缘状况　采用钻孔的方法加工翻边前预制孔的表面质量比冲孔的要高，

表 2-18　其他材料的内孔极限翻边系数

退火的材料	翻边系数	
	K	K_{min}
白铁皮	0.70	0.65
黄铜 H62, $t=0.5\sim6mm$	0.68	0.62
铝, $t=0.5\sim5mm$	0.70	0.64
硬铝	0.89	0.80

注：当允许有轻微裂纹时，采用 K_{min}；不允许有裂纹时，采用 K。

此时可采用较小的极限翻边系数。为了改善孔边缘情况，常用钻孔方法或在冲孔后进行整修。为避免因毛刺产生应力集中而产生筒形口部裂纹，可使翻边方向与冲孔方向相反，如图 2-37 所示。

（4）凸模形状　凸模工作边缘的圆角半径越大，如成为球形或抛物线形，对翻边变形越有利。因为圆角半径大时，翻边孔是圆滑地逐渐胀开形成筒形口边，变形均匀缓慢，被撕裂的可能性减小，故极限翻边系数相应可取小些。

二、外缘翻边

外缘翻边分外凸轮廓和内凹轮廓的翻边两种，如图 2-38 所示。外凸轮廓的翻边也叫压缩类翻边（也叫外曲翻边），其变形性质和应力状态类似于不用压边圈的浅拉深。内凹轮廓的翻边也叫伸长类翻边，与孔的翻边相似（也叫内曲翻边）。

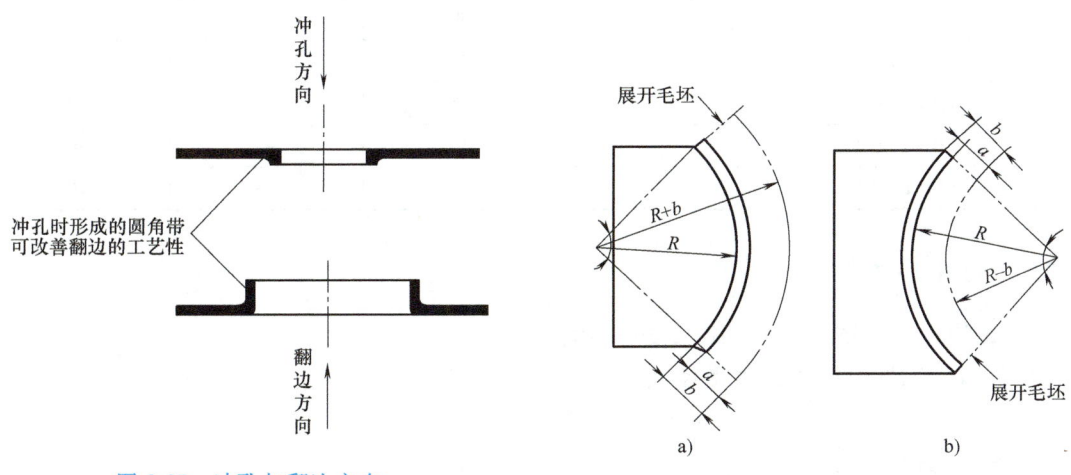

图 2-37　冲孔与翻边方向

图 2-38　外缘翻边示意图
a）外曲翻边　b）内曲翻边

压缩类翻边，在翻边的凸缘内产生压应力，易于起皱。伸长类翻边，凸缘内产生拉应力而易于破裂。其应变分布及大小主要取决于工件的形状。变形程度 E 用以下公式表示。

内曲（伸长类）翻边

$$E=\frac{a}{R-b}$$

外曲（压缩类）翻边

$$E=\frac{a}{R+b}$$

表2-19列出了外缘翻边时允许的最大变形程度 E_{max}。

表2-19 外缘翻边时允许的最大变形程序 E_{max}

金属和合金的名称		伸长(内曲翻边)(%)		压缩(外曲翻边)(%)	
		橡胶成形	模具成形	橡胶成形	模具成形
铝合金	1A35(退火)	25	30	6	40
	1A35(硬化)	5	8	3	12
	3A21(退火)	23	30	6	40
	3A21(硬化)	5	8	3	12
	5A52(退火)	20	25	6	35
	5A52(硬化)	5	8	3	12
	2A12(退火)	14	20	6	30
	2A12(硬化)	6	8	0.5	9
	2A11(退火)	14	20	4	30
	2A11(硬化)	5	6	0	0
黄铜	H62 软	30	40	8	45
	H62 半硬	10	14	4	16
	H68 软	35	45	8	55
	H68 半硬	10	14	4	16
钢	10	—	38	—	10
	20	—	22	—	10
	12Cr18Ni9 软	—	15	—	10
	17Cr18Ni9 硬	—	40	—	10
	12Cr18Ni9	—	40	—	10

三、内孔翻边的工艺要求

内孔翻边的示意图及符号如图2-36所示。
1) 翻边与工件边缘的圆角半径 r：
$$r \geqslant (1 \sim 1.5)t$$
2) 预冲孔径 d_0：
$$d_0 = D - 2(H - 0.43r - 0.72t)$$
由1)、2) 算出 d_0，再计算 K，看是否满足 $K \geqslant K_{min}$。
3) 翻边平面凸缘宽度 B：
$$B \geqslant H$$
4) 若孔边有毛刺存在，易使翻边口破裂。
5) 翻边口部的材料变薄，壁厚 t_1：
$$t_1 \approx t\sqrt{\frac{d_0}{D}}$$
6) 尺寸精度及表面粗糙度。翻边件的径向尺寸公差等级可按IT9，表面粗糙度值应在 $Ra1.6\mu m$ 以上。

任务实施、评分与反馈

1. 任务实施

1) 准备钣金件设计图若干份，根据钣金件设计图（图 2-39～图 2-42），分析各结构由什么冲压工艺来加工。

2) 根据前述各冲压工艺的工艺要求，对设计图的各结构进行工艺性审查。

3) 填写结构工艺性审查记录。表 2-20 是原机械部的标准格式，该格式是按 A4 图幅的格式来设计的；也可采用表 2-21 所示的格式。

表 2-20　产品结构工艺性审查记录（JB/Z 1874—1988）

问题名称	存在问题	修改意见	处理情况

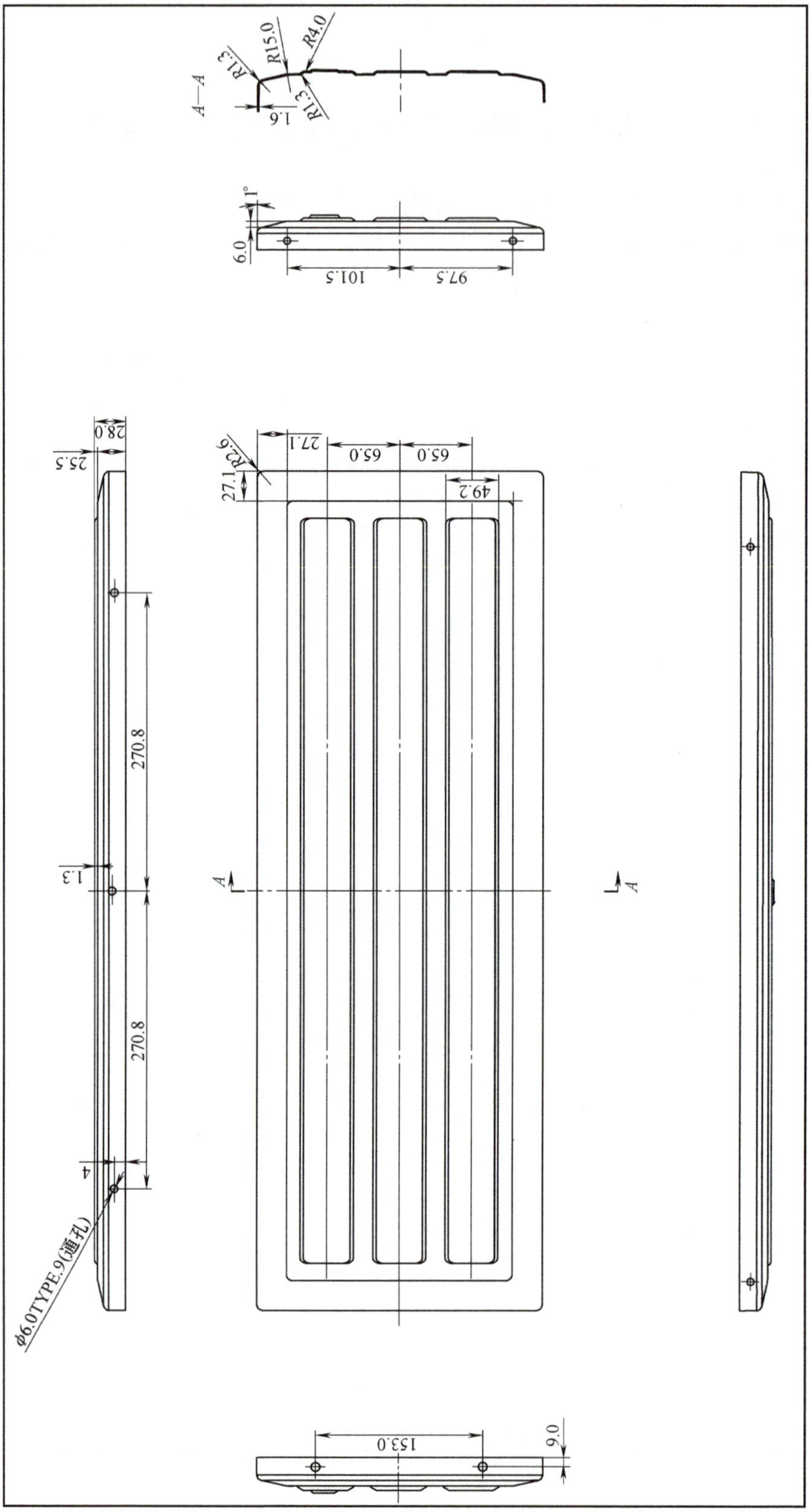

图 2-39 顶盖板工艺审查图例

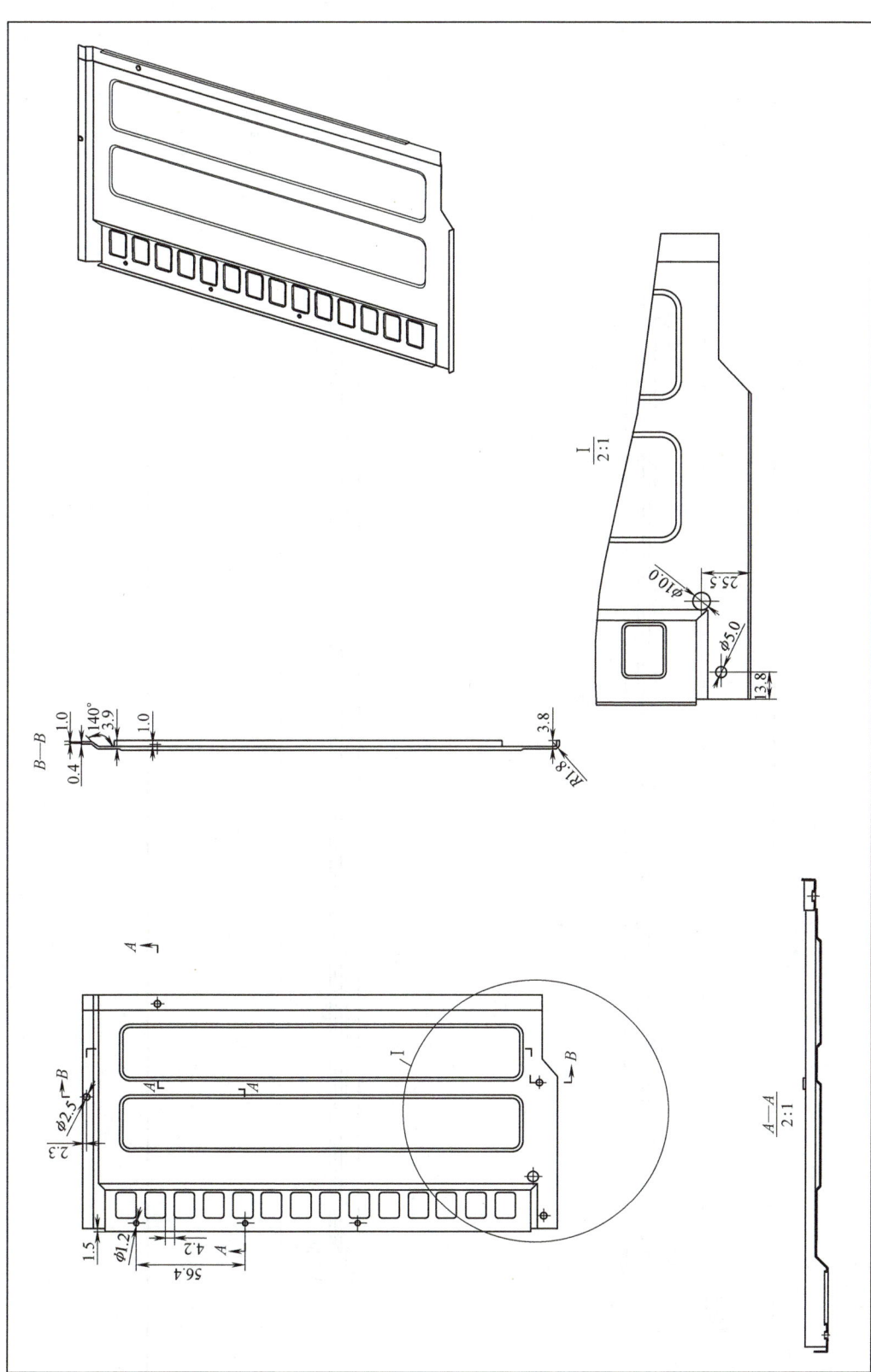

图 2-40 侧板网工艺审查图例

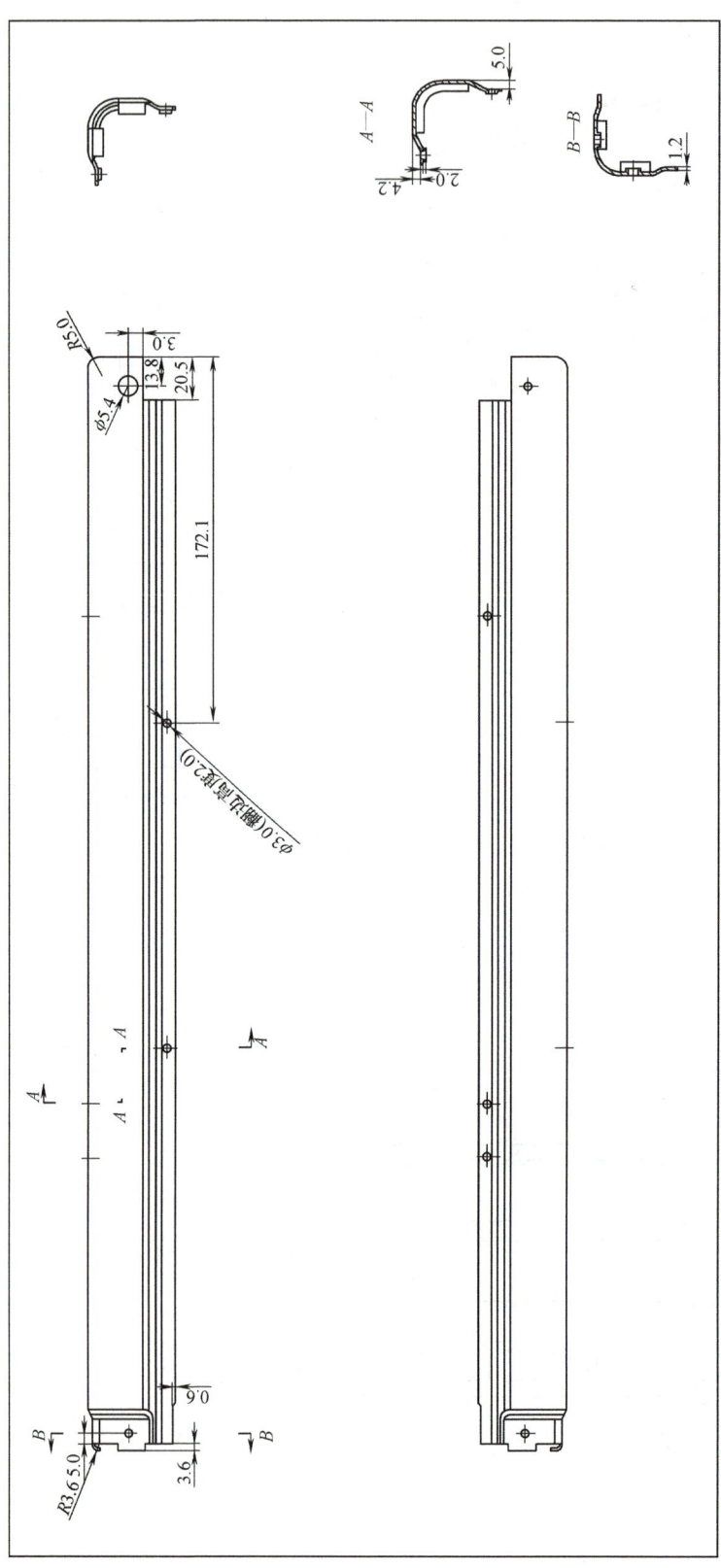

图 2-41 主柱工艺审查图例

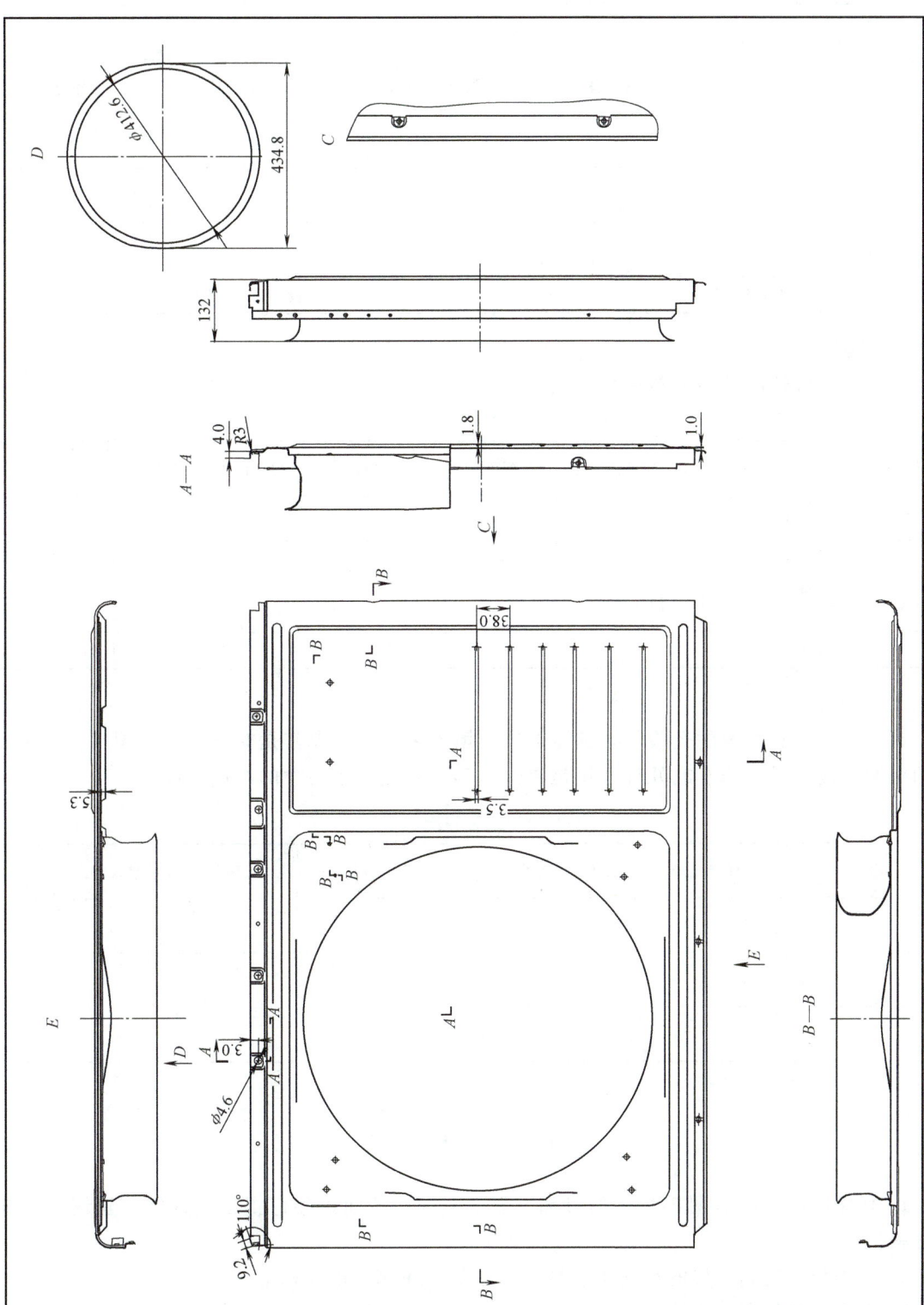

图 2-42 前面板工艺审查图例

表 2-21　产品结构工艺性审查记录（例）

（产品名称）			（产品型号）		
序号	零件名称	零件图编号	问题（位置及标注）	修改建议	设计意见
（工艺员/主管）			（设计员/主管）		

2. 检测评分

将任务完成情况的检测与评分填入表 2-22 中。

表 2-22　任务实施检测评分表

序号	检测项目	检测内容及要求	配分	学生自检	学生互检	教师检测	得分
1	职业素养	工作态度	10				
2	能力水平	审查结果	60				
3		记录规范	30				
综合评价							

3. 任务反馈

请将工艺审查过程的经验与教训写下来，填入表 2-23。尤其是对于工艺的识别，工艺要求的对照判定，设计修改或处理意见是否恰当等，并提出教与学的改进建议。

表 2-23　任务实施反馈表

序号	任务实施成功（或不足）之处	原因分析	改进建议

思考与练习

1. 某翻边件（参见图 2-36）的口部出现了裂纹，请问该如何提出设计修改建议（仅定性分析）？
2. 简述为了达到良好的冲压工艺性，冲压材料应满足的要求。
3. 简述板料的弯曲变形特点。
4. 简述如何防止拉深件产生皱纹（请自寻拉深技术的相关资料，学习后总结）。

任务四 编制自制件工序卡

任务描述

本任务要求根据自制件（以管道件为例，如图 2-43 所示）的设计图样，编制该自制件的加工（与焊接）工序卡。完成本任务，需掌握管道的弯曲工艺过程、焊接过程以及相应的工艺要求、主要工艺参数。

知识目标

> - 掌握弯管工艺过程。
> - 掌握弯管的质量影响因素。
> - 熟悉弯管的模具结构。
> - 了解胀管的工艺过程。
> - 了解缩口的工艺过程。
> - 掌握管道钎焊工艺。

能力目标

> - 能编制弯管、胀管、钎焊的工序卡。

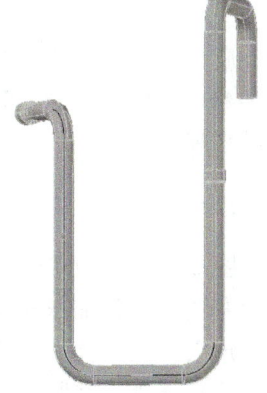

图 2-43 压缩机回气管
（焊接套件）

知识准备

管道件是小型制冷装置制造企业常用的零件，大部分情况下自制。管道件的加工主要涉及弯管。由于管道的后续焊接采用的是钎焊工艺，管道钎焊时必须采用对插装配的工艺，因此根据需要，管道的端口往往需要进行胀口或缩口工艺。钎焊工艺主要是对钎焊过程中的工艺规范（如装配形式，焊接设备的型号、钎焊料、钎焊剂等）进行明确，从而保证产品质量的一致性。

为完成管道件工序卡上的任务，需掌握管道件加工所需的各种加工工艺，其中弯管工艺是重点，需掌握其下料长度，进料、退料、弯曲角及旋转角等，而管道件往往需要焊接，因此钎焊工艺也必须掌握，主要是有关钎焊的设备、耗材选用，焊前装配及焊后处理。

知识点一 管道弯曲

一、管料弯曲变形过程

管料弯曲时，中性层以外的材料受拉应力，纵向纤维伸长；中性层以内的材料受压应力，纵向纤维缩短；从而形成弯曲管段，如图 2-44a 所示。同时由于外层拉应力与内层压应力形成了一压扁横截面的合力（见图 2-44b 中 F_1 合和 F_2 合），从而使管道截面产生畸变。由于管料断面是中空的，被弯曲的管料外侧受拉壁厚变薄，内侧管料受压而壁厚将变厚。因此管料断面的形状变化，内侧管面的皱折缺陷、外侧管的开裂，往往成为管料弯曲加工中的主要问题。

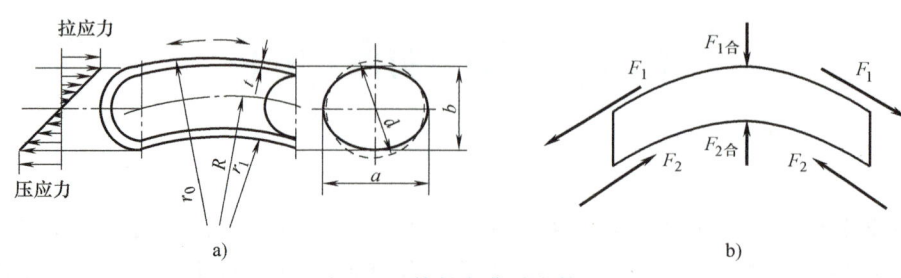

图 2-44 管料弯曲受力情况
a) 断面受力图　b) 弯管段受力图

质量问题的确认：皱纹与裂纹的检验主要靠目测，而截面畸变可通过圆度（$a-b$）（见图 2-44a）来表示，也可通过椭圆率 [$(a-b)/d×100\%$] 来表示。壁厚的变化可通过壁厚减薄量来表示。

二、弯曲方法

图 2-45 所示为压弯法弯管。它是用两个支承柱支持管料，在其中间用具有一定弯曲半径的弯曲模进行加压弯曲。弯曲时所加的弯曲力集中在模具中部，容易发生皱折，断面的椭圆变形大。但其操作简单，常用于精度要求不高的厚壁管或弯曲半径大的场合。图 2-46 所示为管料绕弯，在制冷装置制造中被广泛应用。其中，图 2-46a 所示又称压缩绕弯，弯曲时利用绕固定弯曲模 3 转动的夹块 2（或滚轮），一边压管料一边弯曲。因为是从管料外侧以推压方式施加压力的，所以多数管料弯曲后变短，薄壁管料容易起皱折。图 2-46b 所示又称回转牵引绕弯，管料弯曲部分的前部被夹块 2 夹紧固定在回转弯曲模 3 上，一面用压块 1 对管料加压，一面让夹块 2 将管子夹在弯曲模 3 上与弯曲模一起转动，直至完成加工。芯棒 4 是为了防止断面的椭圆变形及内壁发生皱折。当弯曲半径较大或对加工精度要求不高时，也可不用芯棒。

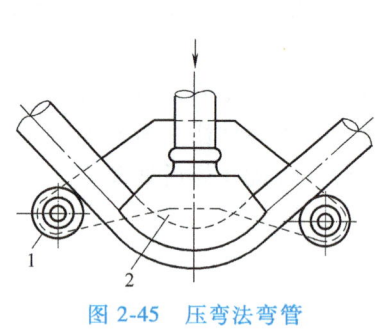

图 2-45 压弯法弯管
1—支承柱　2—弯曲模

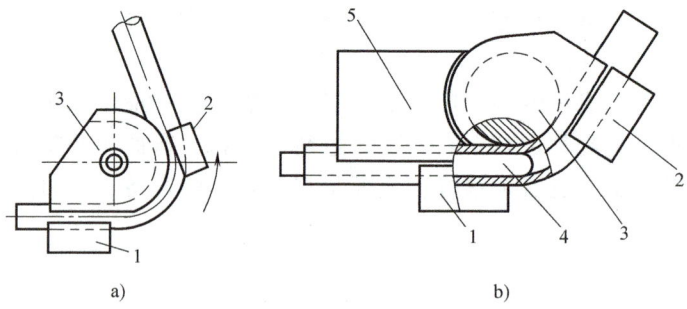

图 2-46 管料绕弯
1—压块　2—夹块　3—弯曲模　4—芯棒　5—防皱块

绕弯的方法很多，可通过微知库 App 扫右侧二维码学习。图 2-47 所示是几种芯棒的结构。

管料弯曲制件断面有一定

图 2-47 几种芯棒的结构

管道压弯法

椭圆度是难免的。但不同的加工方法（包括是否使用芯棒）对椭圆变化程度影响不同。用压缩绕弯或回转牵引绕弯方法加工，当 $R/d=2.0$ 时，椭圆率 η 约为 5%［$\eta=(a-b)/d$，各符号见图 2-44a；另外，工程图样上管道有时标注压扁率 ξ，其计算公式为 $\xi=1-(b/d)$］。

压缩绕弯法

三、回转牵引绕弯工艺过程

目前，在制冷装置制造加工过程中，回转牵引绕弯由于精度高，因此在大批量生产制造中应用广泛。目前，不论是数控弯管机还是手动弯管机，中小直径的铜管弯曲基本都采用回转牵引绕弯的方法。下文将以数控弯管机工作过程为例，讲述回转牵引绕弯的加工过程。

回转牵引绕弯法

1. 模具构造及工作原理

模具运动是用气压作为推动力的。将铜管手动套进芯棒，用夹头夹紧，然后通过压块、夹块的运动夹紧支撑管料。夹头松开，弯曲模和夹块一起转动。管料弯好后夹块和压块松开，夹具向外送料，弯曲模复位。数控弯管视频可通过微知库 App 扫右侧二维码观看。

数控弯管视频

2. 表面摩擦

铜管的内壁和芯棒接触，外壁和弯曲模、夹块及压块接触。弯曲模和夹块旋转弯管时，铜管接触面的摩擦力会影响弯管的质量。

应尽量减少铜管和压块、芯棒接触面摩擦，弯管前一般在接触面上涂上挥发油。如果此摩擦力过大，会导致管在弯曲模和夹块内打滑，铜管壁厚变薄，铜管的外表面有划痕。

铜管和弯曲模、夹块接触面的摩擦则要大，为防止铜管出现打滑的现象，通常会在弯曲模和夹块上增加沟槽，该接触面是决定能否夹紧的一个重要因素。

3. 夹块

夹块的压力是利用气缸产生的，夹块的压力作用在铜管的外表面，是影响铜管摩擦力的另外一个因素。此压力不能过大，过大会把铜管直接压变形；也不能过小，过小铜管不能夹紧，出现打滑。气缸的气压为 0.5~0.7MPa 时最合适。

夹块与弯曲模的型面内壁还起着支撑铜管弯曲段管壁的作用，从而可以减少起皱的可能。

4. 弯曲半径

弯曲半径 R 的大小和铜管的直径 D 有关。$R/D<1.5$ 的管件称为小弯半径管件，一般出现在铜管的规格较小时，铜管规格在 ϕ7mm 以上，弯制时很容易出现折皱的现象；$R/D\geqslant 1.5$ 的管件称为大弯半径管件，较少出现缺陷。

5. 弯曲运行的速度

弯曲过程中，当弯曲模和夹块运动时，速度太快，瞬间产生的冲量就大，易使本应夹紧的部位产生相对的滑动，特别是在弯制规格较大的铜管时尤其要注意。

6. 弯曲角度

弯曲角度是弯曲模和夹块旋转的角度。弯曲角度较大时，铜管的拉伸应力相对增加，被拉伸的长度就增加，压扁率大。

7. 芯棒的位置及尺寸

芯棒的作用是阻止径向力使管料外侧向中性层靠拢，并在一定程度上支撑管料，减少了管料内侧受压失稳的概率，可防止弯头内侧形成皱褶。

芯棒的位置：如图 2-48 所示，芯棒过于靠右则起不了支撑弯曲段管料的作用，从而使外侧管料易塌扁，内侧管料内壁也因受压，变形不受约束而失稳起皱；若芯棒过于靠左，则阻碍了管料的弯曲滑移，使得管料截面变形，严重的将导致管料无法滑移而断裂。芯棒伸入管内开始弯曲处的距离 e 的计算公式为

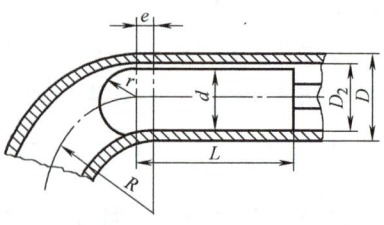

图 2-48　芯棒的位置

$$e=\sqrt{2\left(R+\frac{D_2}{2}\right)c-c^2}$$

式中　e——芯棒伸入管内开始弯曲处的距离（mm）；
　　　R——截面中性层弯曲半径（mm）；
　　　D_2——管子的内径（mm）；
　　　c——管子内壁与芯棒之间的间隙（mm），对于纯铜管，$c=0.1\sim0.2$mm。

注：所计算的 e 值仅供参考，生产中须以试验确定；有的技术资料将 e 称为提前量。

芯棒的尺寸：芯棒直径过大，将使管料与芯棒之间间隙小而摩擦阻力增大；芯棒直径过小，将使芯棒对管料的支撑作用不够。一般芯棒前端最大处与管内壁的间隙取 0.1~0.2mm。

四、下料长度

由于在管料绕弯中，中性层位置在管中心线内侧，管料弯曲后，长度略长，对于加工精度要求不高（制冷装置制造中，管道的精度即属此类）的场合，可近似地认为弯曲前后管道长度不变。

对于需要精确确定管道弯曲后长度的场合，可参考表 2-24 进行。

下料长度还要考虑夹块的夹持长度，零件的弯制起始直管段长度应不小于夹持长度（一般取夹块长度）。

弯管的工序卡有多种格式，表 2-25 是其中一种。

表 2-24　铜管弯管伸长量　　　　　　　　　　　　单位：mm

管材规格	弯曲半径	弯曲角度	伸长量	弯曲角度	伸长量
φ6.35	R10	90°	1	180°	2
φ7.94	R15	90°	1	180°	2
φ9.52	R20	90°	2	180°	4
φ12.7	R25	90°	2	180°	4
φ15.88	R30	90°	3	180°	7
φ19.05	R35	90°	3	180°	7

表 2-25 弯管工序卡格式（例）

工步序号	工步名称	工艺要求
1	下料	长度为 560mm,管口去毛刺
2	进料	穿入芯棒长度为 450mm
3	弯管1	压块靠管 夹块顶压 弯管 弯曲角度为 60°
4	退料	夹块松开 压块松开 退料 退出棒料长度为 210mm
5	转角	角度为 45°
6	弯管2	压块靠管 夹块顶压 弯管 弯曲角度为 90°
7	退料	夹块松开 压块松开 退料 完全退出

知识点二 管端加工

管端加工工艺可通过微知库 App 扫右侧二维码学习。

管端胀口工艺

管端缩口工艺

一、胀管

图 2-49 所示为刚性模胀管示意图，刚性模不易胀出形状复杂的制件，但在制冷装置制造中的使用较为普遍。

管件在胀管过程中，管壁会因为直径胀大而减薄，为了控制壁厚的减薄程度，利用胀管率来进行描述与控制。尤其需注意的是胀管率的计算方法，国内外各行业不尽相同，因此在参阅资料时一定要注意。

胀管过程中，按胀管前后物体体积不变的原理，管道长度一般会减少，根据胀管率可大致计算出管道的收缩量（但是在实际工艺中，由于胀管时对管道有轴向挤压力，故管道有缩短，壁厚有变厚的趋势，故实际胀管率须通过实地、实时测量）。表 2-26 是某企业 U 形换热管与翅片穿片胀管后管长收缩量的工艺资料。

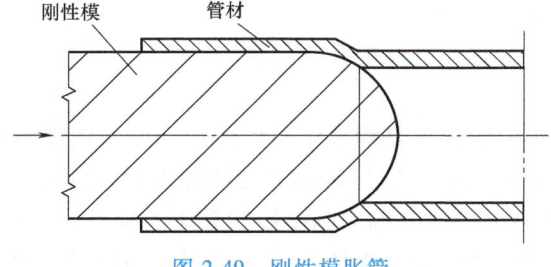

图 2-49 刚性模胀管

U形管胀管收缩量的计算公式为

$$L_2 = L_1/\delta$$

式中　L_2——胀管后U形管胀管段长度；
　　　L_1——胀管前U形管胀管段长度；
　　　δ——U形铜管胀管段收缩率，见表2-26。

二、管端缩口

通过缩口模使筒形或管形件敞口处直径缩小的冲压成形方法称为缩口。缩口是筒形件或管形件加工的一种主要方法。如炮弹壳和一些金属瓶等成形都采用缩口工艺。

图2-50所示为锥形面凹模对筒形件缩口成形的示意图。缩口时，缩口端的材料在锥形凹模的压力下向凹模内滑动，直径减小，壁厚和高度增加。表2-27是通过缩口方法各种材料的伸长量。

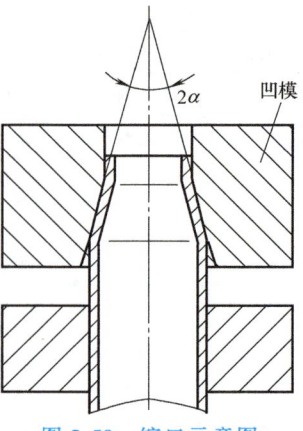

图 2-50　缩口示意图

表 2-26　U形铜管胀管收缩率

长U形管规格	翅片孔径	收缩率 δ	胀管后管外径
φ7mm	φ7.3mm	1.04	φ7.45mm
φ7.94mm	φ8.28mm	1.035	φ8.4mm
φ9.53mm	φ9.87mm	1.035	φ10.0mm

表 2-27　通过缩口方法各种材料的伸长量

序号	材质	缩口	伸长量/mm
1	12Cr1MoV	φ63mm×4mm→φ57mm×4mm	2
2	SA213TP347H	φ60mm×9mm→φ51mm×9mm	3
3	12Cr2MoWVTiB	φ54mm×8mm→φ44mm×8mm	6
4	Q245R	φ76mm×9mm→φ63mm×9mm	8

知识点三　钎　焊

钎焊是指利用外加热源，在母材不熔化的情况下，熔化加入的钎料，使其填充到被焊件之间的一种加工方法。

1. 钎焊的特点

1）加热温度比一般熔化焊低，变形小，力学性能变化小。
2）可以焊接同种金属，也可以焊接异种金属。
3）可钎焊复杂的接头。
4）从力学性能来讲，钎焊焊缝比电弧焊焊缝差。

2. 钎焊的分类

1）根据加热源，钎焊分为火焰钎焊、电烙铁钎焊、炉中钎焊和高频钎焊等。
2）根据钎料熔点的高低（450℃），钎焊分为硬钎焊和软钎焊。

硬钎焊接头强度大部分大于20MPa。制冷装置采用的钎焊绝大部分是硬钎焊。
软钎焊的钎料接头强度一般不足10MPa。软钎焊主要用于电子器件的电路焊接，如锡焊

（锡铅钎料）等。某些冰淇淋机冷冻缸、预冷缸的不锈钢壳体与铜管的焊接采用软钎焊。

3. 钎料

硬钎焊中常用的有银基钎料和铜基钎料。

银基钎料（俗称银焊条）的主要成分是银（银的质量分数为 10%~72%）、铜、锌。现在小型制冷装置上绝大部分的焊接都采用无银或低银钎料（俗称铜焊条），主要成分是铜、磷、锌等。

硬钎焊中常用的有银基钎料（如 BAg25CuZn、BAg45CuZn）和铜基钎料（如 BCu93P、BCu91PAg）。

注：已作废的机械工业部标准用"HL＊＊＊"表示钎料牌号；现行国家标准中，钎料牌号用"B+组成成分"表示。

4. 钎剂

钎剂具有去除母材表面氧化物、以液体层覆盖焊缝表面防止空气氧化、改善液态钎料的润湿能力等作用。但同时，一般现在使用的钎剂都有一定的腐蚀作用，应尽量少用或不用，且焊后须清除钎剂残渣。

硬钎剂主要是以硼砂、硼酸及以它们的混合物为基体，以某些碱金属或碱土金属的氟化物、氟硼酸盐等为添加剂，具有合适的活性温度范围和去氧化物能力的高熔点钎剂。常用硬钎剂的化学成分见附录 G。

另有气体钎剂，与可燃气一起供给，焊后无钎剂残渣，无需清洗。气体钎剂成分一般为硼酸三甲酯+丙醛，或三甲基硼酸酯+甲醇等，属高挥发性液体。

5. 加热方法

钎焊时可采用火焰加热、高频加热、电烙铁加热等方法。火焰加热即采用可燃气体来加热被焊件。常用可燃气体是石油气和乙炔（危险性较石油气大）。助燃气体采用纯氧，也可采用压缩空气。

6. 保护气体

常采用氮气作为焊接保护气体。

7. 焊后处理

有时需进行清洗。可采用适当的碱液清洗。

8. 火焰燃烧理论及回火、脱火

火焰稳定燃烧的前提：焊炬混合室流出的是组成稳定的混合气，燃烧速度等于气流速度。

燃烧速度的相关因素：可燃气成分，混合气混合充分程度。

气流速度相关因素：供气压力；调节手轮（阀门）开度；焊嘴的型号，焊嘴的温度；焊嘴出口处的气压。

当燃烧速度大于气流速度时，产生回火；反之，脱火。

一、钎焊设备及安全规范

1. 气瓶与安全

气瓶应定期检查；不得靠近热源/火源；不得过量使用；气瓶应盖安全帽（防撞坏瓶阀或沾油脂/禁止对氧气瓶喷漆）；防止气瓶/管道带电（气瓶或管道应有接地措施；在电弧场地，应将气瓶放到绝缘垫上，禁止气管路在高压电线下方经过；开启气瓶应缓慢（防止流速突增,产生静电火花)。

2. 接管安全

接管时,严禁用油润滑,可用水,使用前,须吹净管内壁,不可混用管材。

3. 减压器

应注意区分减压器的不同规格,不同的使用气体,不同的连接螺纹,不可混用。按减压的次数分为单级减压器、双级减压器;按使用对象又分为氧气用减压器、乙炔用减压器、丙烷用减压器等。部分减压器还配有压力表。

4. 焊炬

焊炬可分为等压式和射吸式,国产全为射吸式焊炬。常见的焊炬型号有 H01-2、H01-6、H01-12、H01-20,常用的是 H01-6。

5. 焊嘴

对应上述焊炬,每种型号各有 5 个焊嘴,分别为 1#~5#(1#孔径最小)。

常见钎焊设备如下:

手工钎焊设备,如图 2-51 所示。

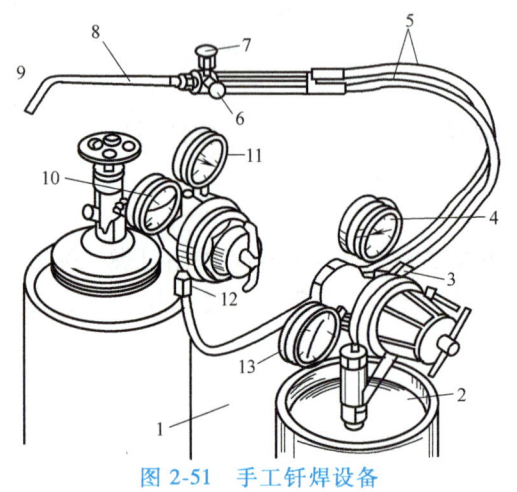

图 2-51 手工钎焊设备

1—氧气瓶 2—石油气瓶 3、12—接头
4、11—低压表 5—软管 6—阀门扳手
7—调节器 8—焊炬 9—火嘴
10、13—高压表

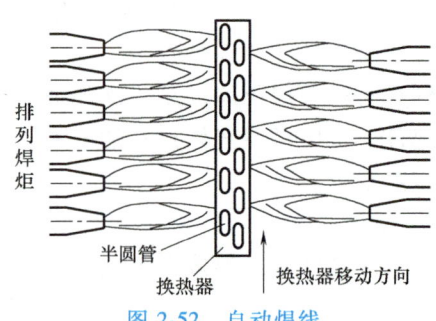

图 2-52 自动焊线

自动焊线,如图 2-52 所示,生产中可让换热器缓慢经过焊炬阵列,对短 U 形管进行自动焊接。

二、铜管的焊接工艺

1. 焊接性与钎料的选择

纯铜的钎焊:钎焊焊接性优良,可采用铜锌钎料、铜磷钎料、银钎料。

普通黄铜的钎焊:含铜量大时,用银基钎料、铜磷钎料和铜锌钎料;含锌量大(如 H62)时,采用铜磷钎料和银基钎料。

铅黄铜的钎焊焊接性良好(但当 Pb 的质量分数>3%时,基本不可焊)。制冷设备中所用接头为 HPb59-1（铅的质量分数为 1%，锌的质量分数为 31%），由于含锌量太大，氧化膜太多，故需加钎剂。

铝黄铜钎焊焊接性差。

2. 火焰的选择

中性焰：适于大多数金属的焊接，一般常用于碳钢、纯铜和低合金钢。

碳化焰：又称还原性火焰，适合焊高碳钢、铸铁和硬质合金。

氧化焰：不适用于焊钢，适用于焊黄铜、锰铜和镀锌铁皮；不适用于焊含氧铜（T2、T3），可焊无氧铜（TU-2）。

3. 钎剂的选择

钎剂的选择见表 2-28。

表 2-28 钎剂的选择

钎料	母材	钎剂
铜磷钎料	铜、普通黄铜	无需
铜磷钎料	HPb59-1	QJ102
铜锌钎料	铜	YJ1 或 YJ2（除残渣较难）
银基钎料	铜或铜合金	QJ101 或 QJ102

4. 套接的插入深度

套接的插入深度见表 2-29。

表 2-29 套接的插入深度

内插管外径/mm	插入深度/mm	外套管内径/mm
6	≥8	6.2~6.25
8	≥10	8.2~8.3
10	≥12	10.2~10.3
12	≥15	12.3~12.4
16	≥20	16.3~16.4

5. 其他工艺要求

1）火焰距离：焰心距焊件 2~4mm。

2）气体压力：氧气为 0.5~0.8MPa，LPG 为 0.05~0.08MPa。

3）保护性气体：氮气，极微的气体流动即可。

4）焊缝应朝上，以提高钎料浸润程度，提高焊缝性能；尽量减少产生水平焊缝与倒立焊缝的焊接。

6. 焊前处理

去油清洗：用三氯乙烯或活性清洗剂。

去氧化皮：用 5%~15% 硫酸水溶液。

7. 焊后处理

去钎剂残渣：磨刷或如上述的酸洗。

8. 焊后自检

焊缝应饱满、均匀、无焊瘤、无裂纹、无过烧。

常见钎料牌号可通过微知库 App 扫右侧二维码学习。

常见钎料牌号

三、焊接工序卡的编制

焊接工序卡主要需描述焊接接头的装配（一般需工装配合），焊接前的处理，焊接所用的材料、设备，焊接的操作过程，以及焊后处理（含检验等）。其参考格式见表 2-30。

表 2-30　焊接工序卡参考格式

焊接工艺卡（格式[美国焊接学会推荐]/及作业）
钎焊工艺卡编号：
接头：（此处可贴草图于右，示明零件的材料、形状、厚度、接头间隙、
钎料的放置部位、接头的装配尺寸、夹具简图）
……
钎焊前清理：（注明清理用品，如金属丝刷、金刚砂、清洗液的名称
及成分等；注明清理工艺，包括时间、温度、冲洗方法等。若采用了镀层，
还应注明镀覆工艺）
……
钎料牌号：
……
钎剂或气体介质牌号或种类：
……　　　　　　　　　　　　　　　　　　　　　　　　　（贴装配草图）
钎焊方法：（注明钎焊方法、规范，如温度、时间、预热温度，火焰钎焊
时的焊炬、焊嘴规格和燃气）
……
钎焊操作要点：（加热、加料、焊后自检）
……
钎焊后清理：（注明清理用品和冲洗方法）
……
钎焊后热处理：（如果有，须注明）
……
检验要求：（注明检验的要求、取样频率、种类和规范，以及试验的压力、射线检验所允许的缺陷程度等）
……
附注：（其他注意事项）

任务实施、评分与反馈

1. 任务实施

1）对图 2-53 所示管件（材料为 T2，规格为 $\phi 12.7mm \times 0.6mm$）进行零件分解，按照钎焊工艺要求确定焊口处的连接尺寸（胀管外径、胀管深度），从而将该焊接管件分解成两根管件（然后再将这两根管件焊接起来）。

2）对所分解的两根管件分别进行工序卡编制（下料长度、进料-穿入芯棒长度、弯曲角度、退料长度、旋转角度、弯曲角度等）。

3）对焊口处的胀管工序进行工序卡编制（胀头型号、模具夹紧力或压缩空气压力、夹持长度、胀口的其他工艺参数及操作过程）。

4）对两根管件的焊接工序进行工序卡编制（装配简图、套接插入深度、焊炬型号、焊嘴型

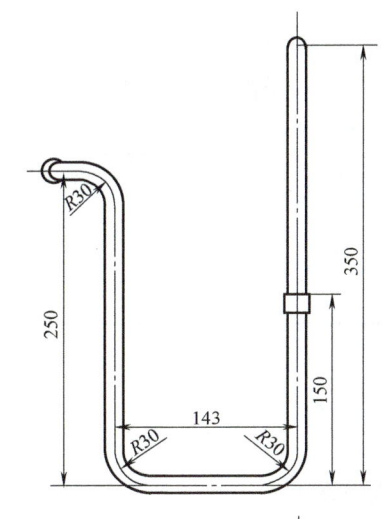
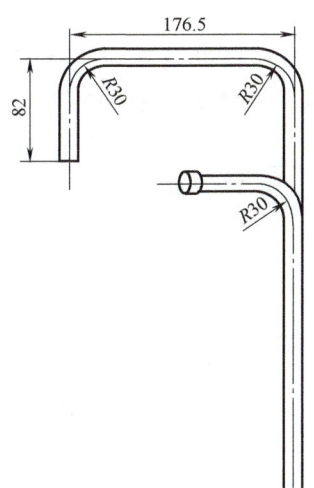
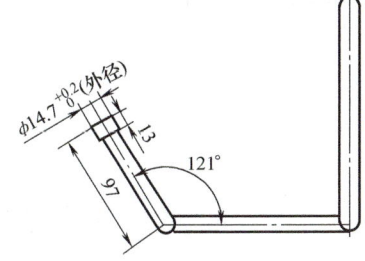

技术要求
1. 内、外表面不得有凹凸不平和深度大于壁厚负偏差的明显划痕。
2. 壁厚减薄量不得大于规定壁厚的10%。
3. 铜管不得有裂纹、起皱等缺陷，两端口不允许有明显毛刺。
4. 清洗，干燥，防尘，防潮存放。
5. 铜管表面应经过酸洗、钝化处理。
6. 未注圆角为R30.0，未注尺寸公差按GB/T 1804-m级选取。

图 2-53 管件

号、气体压力、火焰类型、钎料、钎剂型号、焊接操作、焊后自检等）。

注：为了加深对工艺的体会，建议学生实操弯管、胀管及焊接。

设备要求：弯管机及相应的模具（配 φ12.7mm×0.6mm 铜管）；胀管机及相应的胀头、模具；焊接（钎焊）设备及耗材（钎料、钎剂）。

5）任务上交：编制工序卡，按加工工艺过程进行编号，装订上交。

任务讲解的视频可通过微知库 App 扫右侧二维码观看。

2. 检测评分

将任务完成情况的检测与评分填入表 2-31 中。

任务讲解视频1

任务讲解视频2

表 2-31 任务实施检测评分表

序号	检测项目	检测内容及要求	配分	学生自检	学生互检	教师检测	得分
1	职业素养	文明礼仪	5				
2		工作态度	5				
3	技能水平	弯管水平	15				
4		胀管水平	5				
5		焊接水平	10				
6	能力水平	工序卡编制	50				
7	清洁整理	器具归还、场地整理	10				
	综合评价						

3. 任务反馈

请将弯管、焊接实操以及弯管、焊接工序卡编制过程中的成功与不足写下来，填入表 2-32，通过体会、观察及思考，查找原因，提出教与学的改进建议。

表 2-32 任务实施反馈表

序号	任务实施成功(或不足)之处	原因分析	改进建议

思考与练习

1. 简述弯管工艺过程中各种影响弯管质量的因素。

2. 如图 2-54 所示的管件（管料规格为 $\phi 9.52\mathrm{mm}\times 0.45\mathrm{mm}$），请计算下料长度及进料长度。

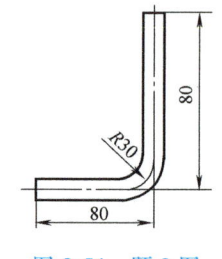

图 2-54 题 2 图

3. 已知管件如图 2-55 所示，该长 U 形管用于换热器，需胀管，胀管后长度收缩率为 1.04，请计算下料长度。

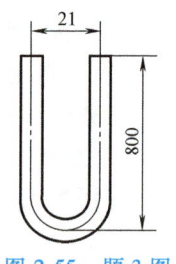

图 2-55 题 3 图

4. 图 2-56 所示是 $\phi 9.52\mathrm{mm}\times 0.45\mathrm{mm}$ 的管料弯管后的截面形状，求该截面的圆度、椭圆率和压扁率。

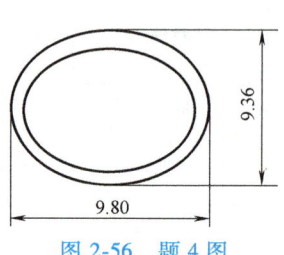

图 2-56 题 4 图

任务五　设计总装工艺

任务描述

本任务要求对小型制冷装置进行总装工艺设计，主要是编制总装物料清单，供仓库管理及物流人员使用；编制总装工艺流程，供车间班组管理人员使用；编制装配工序卡，指导装配工人操作。图2-57所示是在典型的流水线上装配小型制冷装置。

图2-57　小型制冷装置的流水线装配过程

知识目标

➢ 掌握翅片管（套片管）换热器的加工与装配工艺。
➢ 了解壳管式换热器的装配工艺。
➢ 了解总装生产线的组成。
➢ 掌握小型制冷装置的总装过程。

能力目标

➢ 能区分自制件与外购件的划分原则。
➢ 能科学合理地划分零件、部件，形成符合生产工艺特点的总装物料清单、总装工艺流程。

知识准备

小型制冷装置必须通过逐级装配才能形成最终的产品，装配过程涉及零件与零件，或零件与组件、与部件的结合。与前述的各种加工工艺一样，装配工艺也有工艺性的要求（即什么样的产品结构装配工艺性好）。产品的装配精度除了与零件加工精度有关系外，还和采用的装配方法有关。

作为专业人员，还需了解制冷行业生产的专业核心部件制造情况。换热器是专业特征较为明显的部件，通常由专业化配件商制造。小型制冷装置的总装流水线、总装过程一般大同小异（本教材以家用空调器为例进行讲解），只有对上述知识有了初步了解之后，才能做出合格的总装工艺设计。

知识点一　装配及装配工艺性

一、装配的概念

一件产品是由许许多多的零件和部件组成的，按照规定的技术要求把零件合装成部件，或把零件、组件、部件合装成整台产品（或机器）的过程称为装配。

零件是组成机器的基本元件，它由一整块材料制成。

套件又称合件，是若干零件的永久结合（焊、铆等），或者是组合后还需加工的零件结合（如在连杆小头孔中压入衬套后再镗孔）。套件的装配称为套装。

组件由若干零件和套件构成。每个组件有一个基准零件，它连接相关零件并确定各零件的相对位置。组件的装配称为组装。有时组件中没有套件，仅由一个基准零件及若干零件组成。它与套件的区别在于组件一般是可拆的，在以后的装配或检修中可拆开再装，而套件一般不再拆开。

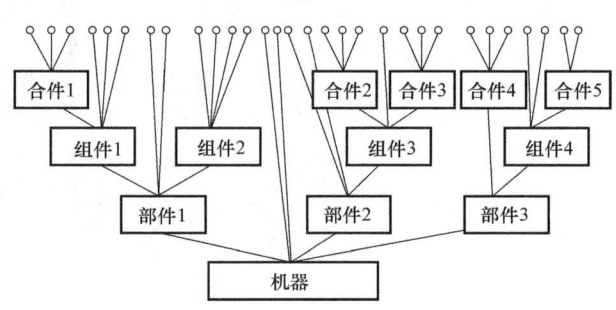

图 2-58　机器装配系统图

在一个基准零件上，装上若干组件、套件及零件就构成部件。如新系列开启式制冷压缩机的卸载装置部件、轴封部件、油泵部件、油压调节阀部件、安全阀部件等。为形成部件而进行的装配工作称为部装。

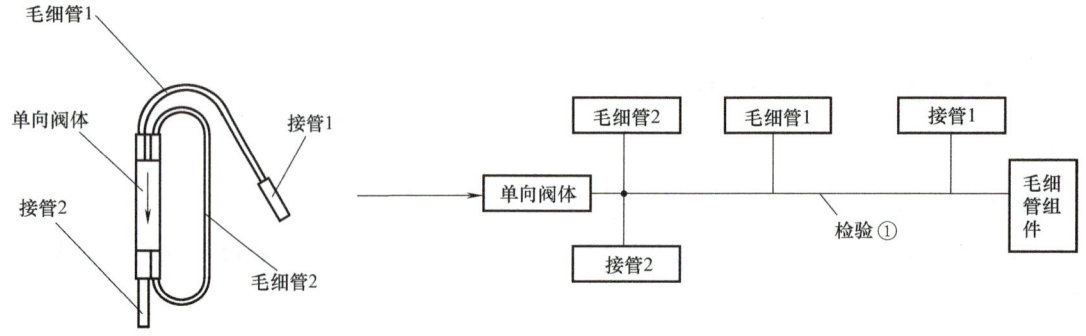

图 2-59　毛细管组件装配系统图

在一个基准零件上，装上若干部件、组件、套件及零件就成为一台机器，为此而进行的装配工作称为总装。如压缩机就是在机体上装上曲轴、气缸组件、连杆活塞部件及其他部件而成的。

二、装配系统图

图 2-58 所示是机器装配系统图。通过装配系统图可以决定能否组织平行作业或流水作

业。同一等级的装配单元在进入总装前互相独立，可以同时平行作业；而各单元之间须流水作业。装配系统图可以清晰地表明产品、零件、部件间相互装配关系及其装配流程，对深入研究产品结构和制订装配工艺有很大作用，在单件、小批生产中，还可替代装配工艺规程。同样，对于结构复杂的零、部件，也可按装配单元绘制部件装配系统图，如图 2-59 所示（检验①是指利用高压气体检测毛细管是否被焊堵）。

三、装配组织形式

机器的装配是整个机器制造过程中的最后阶段，包括装配、调整、检验和试验等工作。机器的质量是以其工作性能、使用效果和寿命等综合指标来评价的。研究装配工艺过程和装配精度，采用有效的装配方法，制订出合理的装配工艺规程，对保证产品质量有十分重要的意义。

近年来，毛坯制造和机械加工等方面的机械化和自动化程度有了很大提高，许多新工艺得到应用，既提高了生产率又节省了人力和费用。装配工作的技术水平和劳动生产率必须大幅度提高才能适应机械工业的发展形势要求。目前，我国压缩机和制冷装置生产企业越来越多地采用气动或电动扳手、机械手、输送带、随行夹具、清洗机、自动平衡机等设备和手段，特别是在小型全封闭压缩机生产企业以及电冰箱、家用空调器等小型制冷装置生产企业，装配工作的机械化、自动化程度不断提高。

装配的组织形式通常分为集中工序和分散工序。集中工序整个装配过程只有一道工序，全部装配工作由一组工人在同一个工作位置完成。集中工序要求工人的技术水平较高而全面，生产作业面积较大，所需装配周期较长，但管理较简单。集中工序适用于单件或小批生产。大型压缩机生产、试制新产品以及产品维修常用集中工序装配。

分散工序装配过程分散，一台机器的装配由若干组工人完成，每组工人仅完成其中某一部分装配工作。分散工序可使装配工人专业化，一般可同时平行装配，生产率高，但管理较复杂。为了充分利用人力、物力和装配面积，避免停工待料或停工等人的现象，需要工作节拍一致，即每个工序装配时间尽量一致，由一个工作位置到另一工作位置的时间应严格控制，这样的装配称为流水装配。流水装配是分散工序装配中的高级形式，目前应用已很普遍。流水装配生产周期较短，生产率高，厂房作业面积利用率高，适用于大批量生产。

四、装配工艺性

机器装配的精度与结构装配工艺性有关。结构的装配工艺性好，则容易保证装配精度和生产率，便于机器的维修和使用；反之，将使装配困难，使用和维修也受到影响。

装配工艺性主要包括以下几方面。

1. 独立的装配单元

机器能否分为若干独立的装配单元很重要。如果能划分为若干独立的装配单元，就可以组织平行流水装配，使装配工作专业化，有利于提高装配质量，缩短整个装配工作的周期，提高装配劳动生产率。机器分为若干套件、组件、部件，就是为了使它有较好的装配工艺性。

2. 便于装配

装配工作包括装拆、修配、调整、检验及试验等。便于装配表现在这些工序能顺利进行。图 2-60a、b 所示为一配合精度要求较高的定位销，图 2-60a 所示由于基体上没有气孔，故压入时空气排不出来，定位销压入很困难；而图 2-60b 所示为通孔，则可以将定位销顺利地压入。如果基体太厚，不能钻通孔，可考虑钻排气孔。图 2-60c、d 所示是滑动轴承在轴承支架上的装配情况。为了进行润滑，图 2-60c 所示是在支架和轴承上各有一孔，以便由此注入润滑油。这种结构要求在装配后两孔对齐，因此两个零件装配时在圆周方向有严格的位置要求，给装配带来不便。图 2-60d 所示的结构与图 2-60c 所示不同，它在轴承的外圆上车了一个有一定宽度的槽，这样，轴承上的径向孔与支架上的孔在圆周方向上不需保证位置要求即可进行装配。润滑油经由支架上的孔注入后，即可流入轴承外圆上的槽内，然后顺槽流入孔内，最后进入轴承内腔。

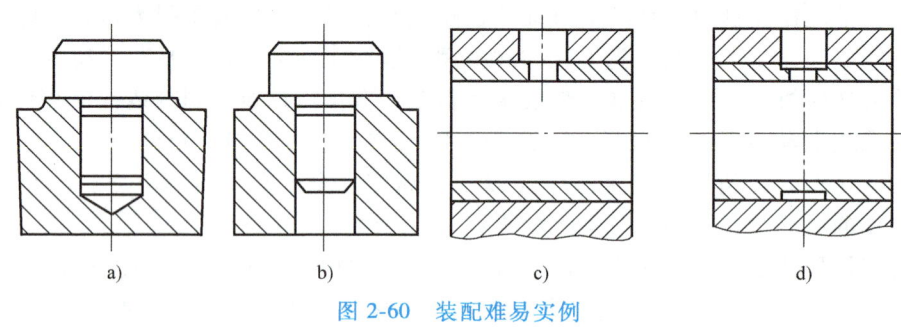

图 2-60　装配难易实例
a)、c) 难装配　b)、d) 易装配

3. 便于拆卸

装配工艺性不仅要考虑安装，还应考虑拆卸。因为在装配时装得不合适要拆，以后检修时也要拆。图 2-61 所示是便于拆卸的实例。图 2-61a 所示滚动轴承在装配以后，由于端面支靠得太多，整个轴承外环都被端面挡住，所以无法拆卸；图 2-61b、c 所示则是具有可拆性的结构。图 2-61d 所示是一个盖子，它装在壳体上。盖子的端面装配后与壳体表面齐平，这样盖子装配后就难以取下，为此在盖子上加了两个螺纹孔，若在这两个螺纹孔内装上螺栓，即能方便地卸下盖子。

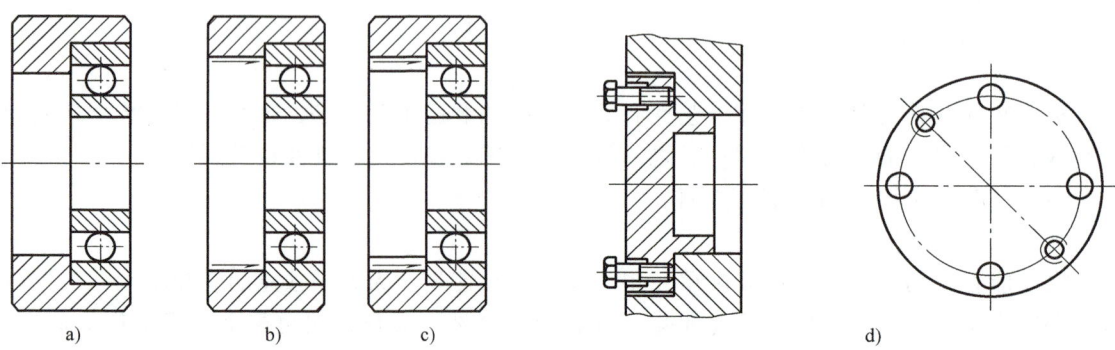

图 2-61　便于拆卸的实例
a) 不可拆　b)、c)、d) 可拆

4. 减少在装配时的机械加工和手工修理工作

装配时的机械加工不但会延长装配周期,而且在装配车间需要添加机械加工设备。装配中用调整法代替修配法是提高装配工作效率的有效措施。特别是在生产流水线上,为了满足生产节拍要求,对装配工艺性要求更高。

知识点二 装配方法

装配精度是机器质量指标中的重要项目之一,是保证机器具有正常工作性能的必要条件。机器的装配精度不仅与零件相关尺寸和加工精度有关,而且与装配方法有关,三者存在一定的数量联系。

根据不同的装配方法,结合具体的机器或部件的装配图中相应的尺寸关系解出尺寸链,可揭示装配方法与装配精度、零件加工精度间的联系。所谓解尺寸链,是指在规定的装配精度条件下,如何满足加工与装配的可能性与经济性,确定各有关零件的相关尺寸精度。在长期实践的基础上,人们创造了许多装配方法,归纳起来有互换法、选配法、修配法和调整法四大类。

一、互换法

互换法的实质是通过控制零件的加工误差来保证装配精度的一种方法。互换法还可分为完全互换法和部分互换法两种。

1. 完全互换法

完全互换法的特点:装配时,机器的每个零件不需要任何选择、修配、调整,便可保证达到规定的装配技术要求。实际装配公差计算公式有极值法和概率法两种。

完全互换法的优点如下:

1) 保证零件完全互换,装配工作简单、迅速、经济、生产率高。
2) 装配工人技术水平要求不高。
3) 装配时间较稳定,便于组织流水装配和自动化装配。
4) 容易实现零部件的专业协作生产,降低成本。
5) 更换零件不需选择或修配,备件供应方便。

完全互换法多用于组成环少或组成环虽多,但装配精度要求不高的结构。当封闭环精度较高且环节多时,不宜采用,以免各组成环加工公差很小,加工困难,甚至无法加工。

2. 部分互换法

部分互换法也称不完全互换法。它的做法是将尺寸链中各组成环的公差由 T_A 预先放宽至 T_B,以便使加工容易。装配时,绝大部分零件不经过挑选,也不必修配或调整便能直接达到规定的装配精度,但有小部分零件装配后,封闭环公差将超过规定的范围。对这部分极少数不合格品,采取相应的修复措施后,就能恢复使用,以较小的修复成本换取放宽的加工精度(降低了加工成本),从而降低整体成本。表 2-33 是部分互换法加工精度放宽程度与不合格品之间的关系。

表 2-33 部分互换法加工精度放宽程度与不合格品间的关系

不合格品百分率(%)	1	5	10	15	31.74
加工精度放宽程度 T_B/T_A	1.163	1.53	1.822	2.083	3.00

二、选配法

在成批或大量生产中，如果装配精度很高或组成环环数很多时，采用完全互换法或部分互换法，都将使零件相关尺寸的公差过严。要保证规定的装配精度，不能只依靠零件加工精度的提高。采用选配法装配机器是解决问题的有效措施。选配法是在加工零件时将其相关尺寸公差放大，然后在装配时进行选择，以满足规定的装配精度要求。

选配法按其形式不同有直接选配法、分组选配法和复合选配法三种。

1. 直接选配法

直接选配法由装配工人在许多待装配的零件中直接任意挑选零件进行试装配，事先不测量也不分组。装配中挑选合适的零件可能要用较长时间，不宜在节拍严格的流水线上采用。

2. 分组选配法

分组装配法是在装配前，先对一批互相配合的零件进行测量，并将其分成相同的若干组，装配时对应组内零件任意互换，满足装配精度要求。

1）分组选配法的优点如下：

① 零件加工公差要求不高，而装配精度却很高。

② 同组内的零件仍可以互换，具有互换法的优点。

2）分组选配法的不足之处：

① 增加了零件存贮量。

② 增加了零件的测量、分组工作。

值得注意的是分组不宜过多，否则对应组内零件数量不等的矛盾将更突出；而且分组越多，挑选、分组越复杂，工作量越大。分组选配法动画可用微知库 App 扫右侧二维码观看。

3. 复合选配法

复合选配法是上述两种方法的复合。装配零件前预先进行测量分组，装配时在各对应组内选择配套。复合选配法既能达到规定的装配要求，又便于较快地选择合适的零件。

三、修配法

修配法是指在零件上预留修配量，在装配中用手工锉、刮、研磨等方法修去该零件上多余部分的材料，使装配精度满足规定的技术要求。根据修配法的特点，必须在尺寸链中选择一个修配环，在该环上事先加大一个补偿值 δ。作为预留修配量，再采用修配的方法，如手工锉、刮、研磨，或机械加工方法在装配过程中临时将其除去。修配法虽然可扩大组成环的加工公差，精度大为提高，但没有互换性，装配时一般需要手工修配，不便于组织流水生产。

图 2-62 所示的键与键槽配合就是用修配法来达到装配精度的。修配法动画可用微知库 App 扫右侧二维码观看。

修配法适宜单件、小批、多环尺寸链的装配生产，合并加工修配法是修配法的发展。所谓合并加工修配法是将几个零件合在一起进行加工修配，并作为一个零件进行装配，从而减少组成环的环数，既可放大组成环的公差，又能满足装配精度的要求。如在制冷压缩机生产中，连杆小头孔

分组选配法动画

修配法动画

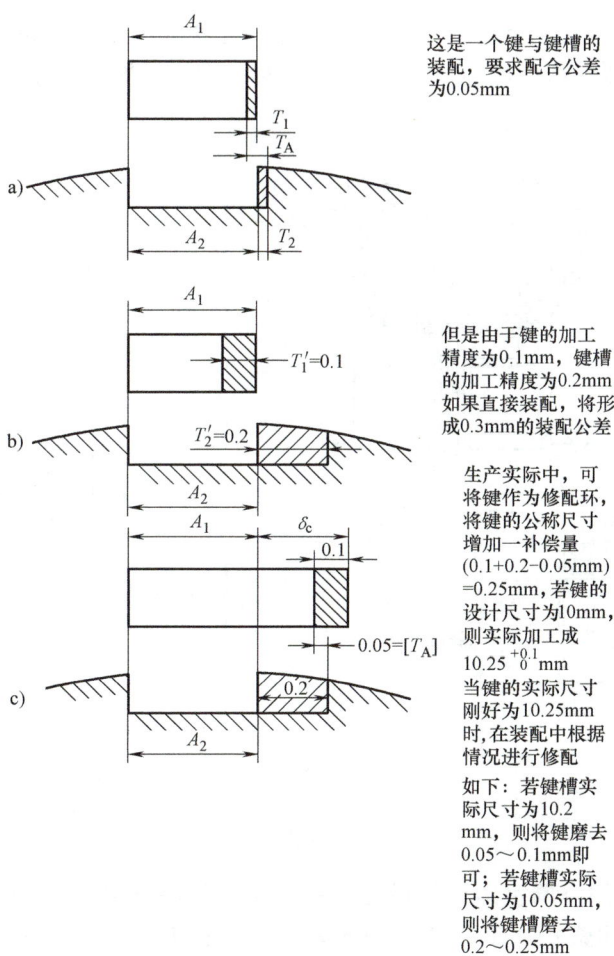

图 2-62 修配法实例（键与键槽）

就是与衬套装配后再精加工的，连杆大头孔也是与大头盖装配后进行精镗的。加工后还应打钢印编号以便对号装配。

四、调整法

修配法一般要在现场进行修配，使其应用受到限制。在大批量生产中，可以通过更换不同尺寸的某一组成环，或调整某一组成环的位置来达到封闭环的精度要求，这就是所谓的调整法。选作调整用的组成环称为调整环。调整环可以是一个或几个。

根据调整方法的不同，调整法可分为固定调整法、可动调整法、误差抵消调整法和合并调整法等。制冷压缩机、制冷装置装配常用的调整法为固定调整法。

图 2-63 所示是新系列开启式制冷压缩机装配局部图，图中封闭环 A_0 为余隙，余隙的大小是压缩机总装的关键之一。A_0 太小，压缩机运行中零件受热膨胀，有敲缸危险；A_0 太大，余隙增大，压缩机输气系数降低。因此，装配中应严格控制 A_0，由于组成环多（图 2-63 中示出 8 个组成环），实际装配时，主轴承、连杆大小头及活塞销等配合状况对 A_0 都有影响，

装配累积误差大,采用调整法给予补偿最合适。装配中通过调整 A_2(调整垫片的厚度和片数)来满足余隙 A_0 的装配精度要求。实践证明这种方法是行之有效的,在全封闭式压缩机装配流水线上,余隙装配精度的控制也是通过调整垫片厚度来实现的。

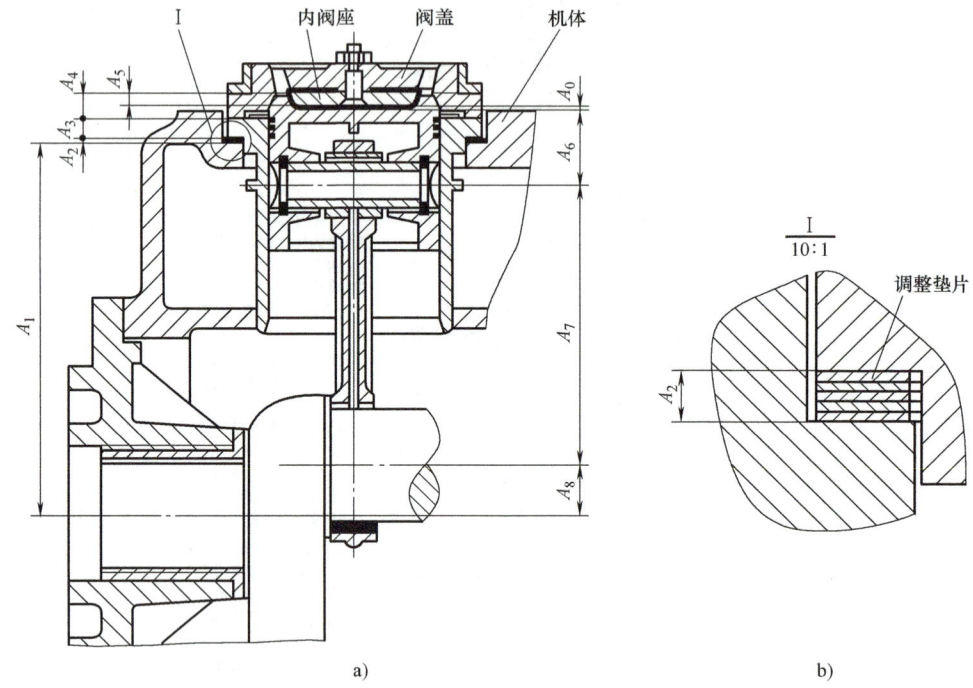

图 2-63 调整法装配实例(气缸)

图 2-64 所示是家用空调室内机的风轮,由于该风轮转速高,且噪声要很低,故其动平衡要求很高,实际(注塑)加工中要达到此要求很难且也不经济,故在风轮装配过程(或检测调整)中,根据风轮的具体平衡情况,加上调整垫片。

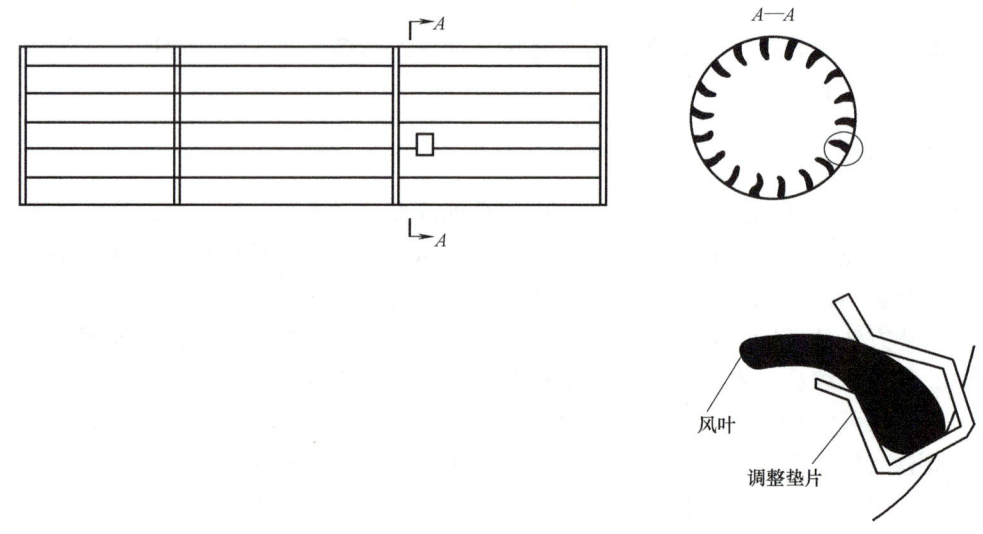

图 2-64 调整法装配实例(风轮)

调整法具有以下优点。

1）尺寸链中所有各环公差能够比前述各种装配方法更加放宽。

2）不但可使封闭环达到较高的精度，而且在使用中通过定期调整，能使机器恢复良好的装配精度。

3）与修配法相比，调整法在装配时不需修配，装配工作较简单。

调整法适宜于装配精度要求高、组成环多且加工公差难保证的尺寸链。

知识点三　换热器部装

制冷装置常见的部件及部装过程有如下几种。

1. 管件与管件之间、管件与阀件之间的焊接

制冷装置中管件特别多，也最为常见。不是每根管件都在总装生产线上进行焊接的，相反，许多管件在总装之前都和其他零件焊接在一起了，这主要是为了减少总装生产线焊接的工作量，将焊接交由专业化的车间（如焊接车间）来完成，这样从人员到设备、工装都能实现专业化的资源配置，从而提高焊接质量，同时，部分焊接工艺后续还需有相应的检验工序，故而事先焊好形成部件，再经检验后上总装生产线，这样就能保证总装产品的质量了，可避免不合格品的产生。

这方面的例子有许多，如液侧阀、气侧阀与接管的焊接，四通阀、电子膨胀阀与接管的焊接，单向阀与毛细管的焊接，以及分配器与分流毛细管、集气总管与各分支管的焊接等，都可以预先焊接成部件，然后再将部件物料送入总装生产线待装区存放。

当然，个别的钣金焊接过程也须预先装配成部件，如压缩机底盘、压缩机安装螺栓、底盘安装架可预先焊接成一体，再经喷涂形成部件；立式分体室内机的电动机安装板、电动机安装螺栓也应预先焊接成部件，有时甚至也与电动机蜗壳（如果是钣金类蜗壳，就常与电动机安装板焊接在一起）预焊在一起。

2. 发泡过程

制冷装置制造过程中，许多发泡工艺过程，如电冰箱箱体的发泡、电冰箱门的发泡、大型风柜库板的发泡等，都是部装过程。以电冰箱箱体发泡为例，先将电冰箱外壳钣金装配好，然后将塑料内胆与钣金装配在一起，此时，外壳钣金与塑料内胆之间是中空的，再将这些装配好的空心箱体压入模具内进行发泡，发泡结束后，外壳钣金、内胆就被泡沫粘接在一起，形成一个部件。

3. 电控盒的装配

小型制冷装置的电控盒体积一般都比较小，不适合在产品总装线上再进行接线、调试，而是在专业的电路板部装线上，将电路板与接线端子、变压器、电容及部分传感器等接好线后，经测试，形成一个相对完整的部件送入总装生产线待装区，从而使得总装过程简单、高效。

4. 海绵件、标贴件的装配

海绵件、标贴件的装配在制冷装置制造过程中看似简单，然而由于量多，需耗费大量的人力。例如，某品牌1匹家用分体室外机的海绵件达13件，认证、警示、铭牌等标贴件达8件。这类粘贴类零件大部分都可预先贴在相应零件上，与该零件一同形成部件，可将上述家用空调室外机前面板与出风网以及标贴件（商标、铭牌、接线图、警示标贴等）全部预先装配好，形成部件送入总装生产线，可大幅降低总装的劳动强度。

5. 换热器的装配

制冷装置中换热器的类型很多，然而不论采用什么类型的换热器，都不会在总装生产线上加工、装配换热器。首先是换热器的加工、装配过程需专业化的设备，与总装的装配特点、装配所需设备大不相同，同时换热器的制造过程也较复杂，因此换热器的加工以及装配都是在其他车间或生产线上完成后，并以整个部件的形态送入总装生产线。

换热器的分类可通过微知库 App 扫右侧二维码学习。本知识点将简述几种典型换热器的加工装配过程。

一、套片管式换热器的制造工艺

图 2-65 所示是以套片管强化管外换热系数的表面式换热器。这种换热器广泛应用于家用空调器、无霜冷藏柜、装配库的冷风机，类似结构的换热器还作为空气调节系统中的风机盘管末端装置以及小型中央空调的换热器等。

套片管具有下列优点：

1) 套片管的肋片有折边，与基管的外壁接触面积大，传热效果好。

2) 套片管肋片之间较通畅，对气流阻力较小。

3) 套片管肋片表面光滑、片距畅通，易于融霜、排水。

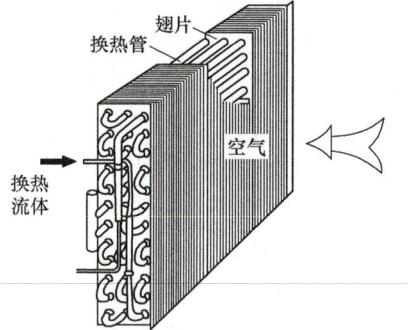

图 2-65 套片管式换热器

4) 套片管的肋片相互独立，安装与搬运不慎碰撞，只会使局部肋片倒伏，而且可修整。

1. 套片的加工

目前套片的加工是用多套模具在高速压力机上进行的，其最高冲片次数达 320 次/min。常用套片厚度有五种规格：0.115mm、0.13mm、0.15mm、0.20mm、0.25mm，其中以 0.115mm 应用最普遍（现在有薄至 0.08mm 的）。套片加工示意如图 2-66 所示。用不同的冲压模具，在同一台压力机上还可冲出不同翻边高度（1.3~6mm）不同类型的翅片。这种用多套模具高速冲制的套片加工工艺流程如图 2-66 所示。

用多套模具对套片进行二次拉深产生塑性变形，大大减少了套片因翻边而产生的裂纹，避免了胀管时产生破口缺陷。且二次翻边可使整个换热器的套片片距准确均匀。由于破口缺陷减少，可大大改善套片根部与基管的接触导热状况。

2. 内螺纹管的加工

作为套片管换热器的换热管，有很多种类型，在小型制冷装置的换热器中，使用较多的是纯铜管，而纯铜换热管又分为光管和内螺纹管。光管的制造较为简单，而内螺纹管制造工艺复杂，但因换热效果很好，在家用空调器及小型中央空调中已逐渐占据了主导地位。

内螺纹管的内表面有无数的小螺纹槽，其各个部分的结构及定义如图 2-67 所示。

内螺纹管传热系数提高的原理：螺纹槽的存在使内表面传热面积增大，使流体产生强烈的湍流作用，使液膜的厚度减小，从而减少传热热阻。

内螺纹管的加工工艺流程如下：

原管压延 → 原管退火 → 开槽 → 水平盘卷 → 退火 → 包装

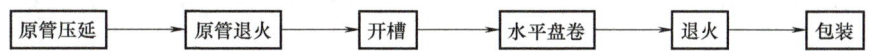

其中，原管退火采用感应炉退火，如图 2-68 所示，利用二次涡流产生的热量使铜管退火，目的是消除压延之后产生的冷作硬化。而开槽是通过在管外侧的行星回转球和固定在管内侧的带槽塞子之间的挤压，在管内壁挤压出螺旋槽道（即内螺纹），如图 2-69 所示。

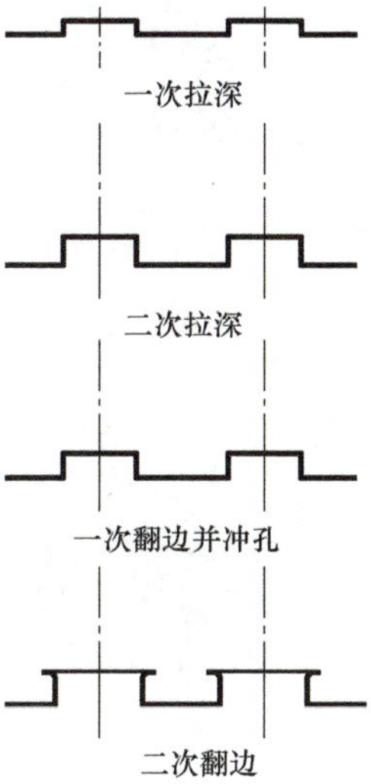

一次拉深
二次拉深
一次翻边并冲孔
二次翻边
图 2-66　套片加工示意

TF
H
r
360°/N
ID
OD
α
OD：外径
ID：内径
TF：最薄处壁厚
H：螺纹槽深度
α：螺纹角度
N：螺纹数
r：螺纹顶角
图 2-67　内螺纹管的结构及定义

i1
i2
i1
i1：一次电流
i2：二次电流
图 2-68　原管感应退火炉

1
2
3
4
5
6
7
图 2-69　开槽处理

1—内螺纹管　2—成形压模　3—加工球　4—带槽芯杆　5—支撑模具　6—支撑杆　7—原管

3. 套片管换热器组装工艺

套片管换热器的组装工艺流程如下：

（1）穿管　在插片工作台上，找正 U 形管位置定位架，先放上左边板，再将已冲孔翻边的套片置于其上；将已加工好的 U 形管倒置，从上往下插入套片管孔中，如图 2-70 所示，然后将管口扩成杯形口状态。

U形铜管
翅片
定位杆
换热器边板
定位架
图 2-70　套片穿管

（2）胀管　胀管一般在立式胀管机（图 2-71）上完成。胀管前应先调整胀管机胀杆的行程和防止

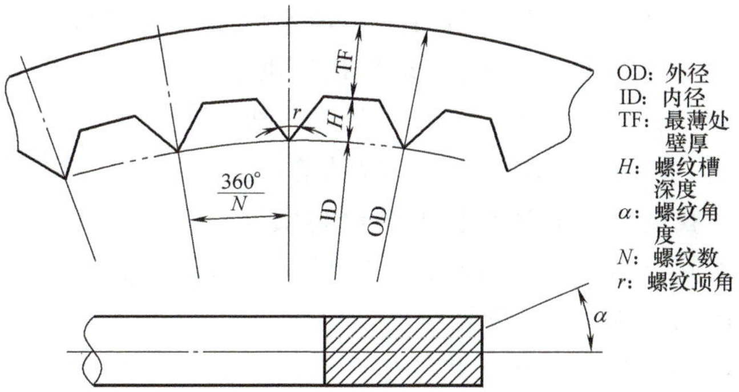

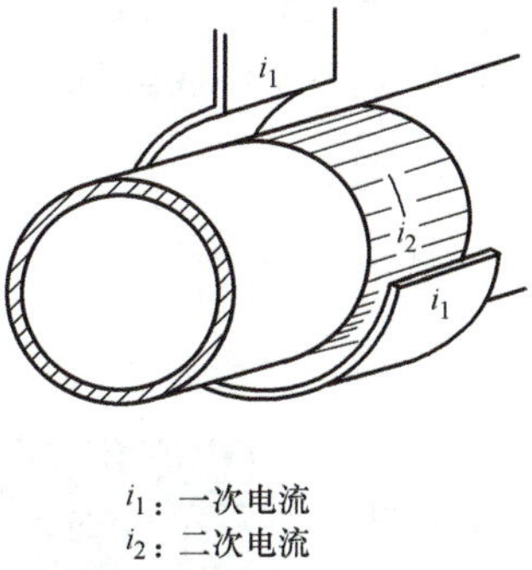

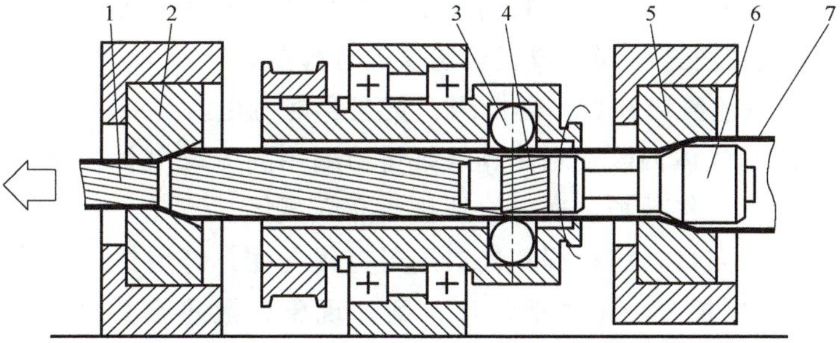

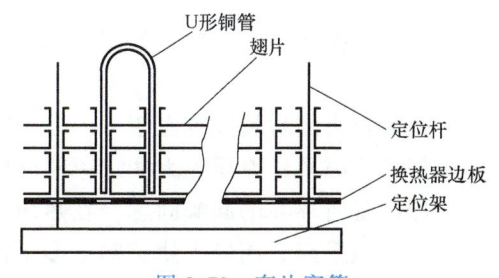

胀管时失稳的夹板位置，并装好水平组合模具，以便胀管时支撑 U 形套片管组。将穿好管的套片管组放在水平组合模上。

在工件上部装入右边板，起动胀管机，胀杆头部在液压缸压力作用下通入管内胀管，胀管时必须用润滑油润滑。

胀管后要求叠片高度有效尺寸缩短量不大于 1mm，换热管允许弯曲不大于 2mm。套片和换热管紧密接触，不许松动；不许有严重的倒片现象。

（3）清洗　将工件置于三段清洗槽内，用化学溶液（三氯乙烯）除油并用清水漂洗。清洗后工件上应无油污和溶液，然后进行烘干。

（4）弯头加工　在半圆形弯管机上弯曲制成弯头，并进行管端面倒角，除油清洗。

在制环机上将卷状焊料丝制成钎料环，将弯头两端分别套上钎料环，按图样要求将带有钎料环的弯头插入工件管孔中。

图 2-71　立式胀管机

（5）焊接　按换热器生产线焊接工艺，进行充氮保护自动焊接。

对于自动焊接机上未焊透的弯头环缝进行手工补焊，并手工焊上上配气管、集液管。

（6）试漏　将配气管用快换接头封住，向换热器中充入 R22 气体（卤检）或氦气（氦检）。利用卤素检漏仪或氦检漏仪进行检漏。

若有泄漏应补焊，再检漏，直至合格为止。

（7）气体回收　利用真空泵将检漏用的 R22 气体或氦气回收。

（8）充气保护　通过快换接头充入氮气。

（9）封口　将检漏充气口用封口钳夹住，钎焊封口。

（10）检验　无严重伤片、倒片现象；散热套片及基管表面无水珠，则入库（注意防尘）或转入总装。

套片管换热器的制造过程视频可通过微知库 App 扫右侧二维码观看。

套片管换热器的制造过程

二、壳管式换热器工艺技术

壳管式换热器的结构，如图 2-72 所示。

1. 封头加工

一般封头的材料厚度大于 6mm，应该采用热压延。由于钢材的热膨胀作用增厚，所以热压模的间隙要比冷压模大些，单侧间隙值见表 2-34。

冷压延所存在的起皱问题，在热压延上也存在，具体解决措施见相关资料。

封头成形后，用氧乙炔焰割去多余部分，切割或车削出封头焊接用的 V 形或 U 形坡口，并用砂轮打磨出金属光泽，以保证后续焊接质量。成形封头划线如图 2-73 所示。

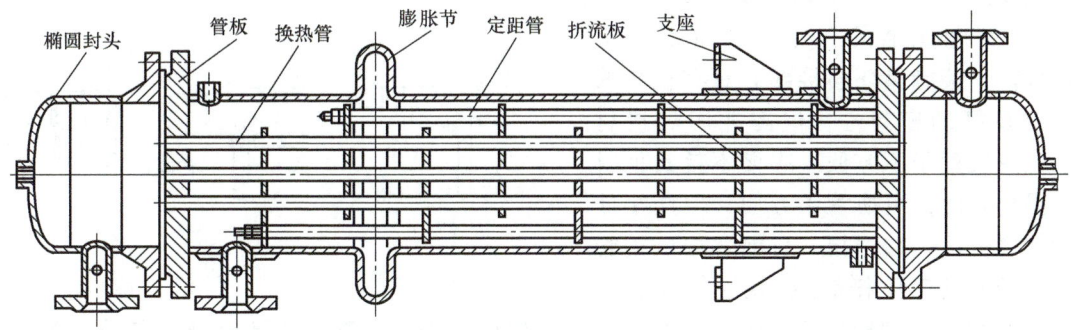

图 2-72 壳管式换热器的结构

表 2-34 热压模的单侧间隙值 Z

材料厚度 s/mm	Z_{min}/mm	Z_{max}/mm
6~11	0.5	1.0
12~16	0.75	1.25
17~20	1.0	1.5
21~24	1.5	1.8
25~30	2.0	2.5

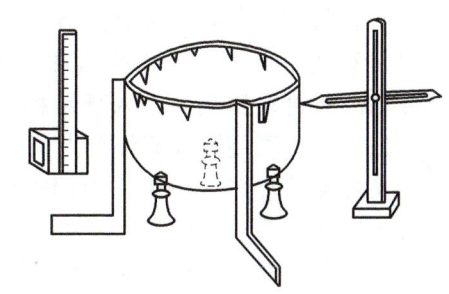

图 2-73 成形封头划线

2. 壳体加工

一般压力容器筒节除直径小于 ϕ325mm 采用无缝钢管外，其余都用板材通过滚弯工艺制成，如图 2-74 所示。当上、下滚轴下降时，板材受压弯曲，由于滚轴在减速机带动下而旋转，板材靠上、下滚轴间摩擦力朝下滚轴旋转切向向前移动，产生弯曲。

滚圆后利用夹具将卷板的接口对齐拉紧，以备焊接，对接拉紧器如图 2-75 所示。

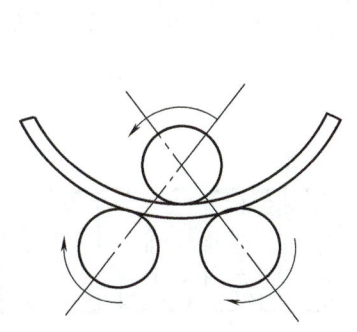

图 2-74 壳体滚弯加工

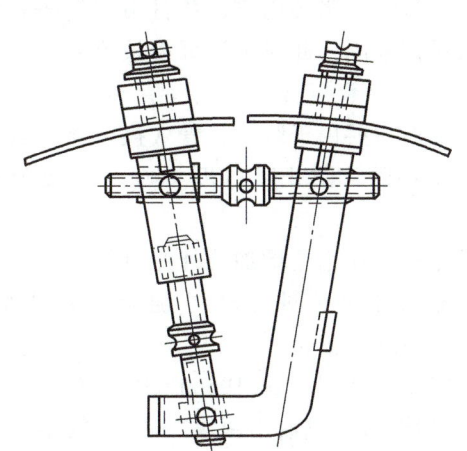

图 2-75 对接拉紧器

3. 管板与换热管连接

管板的作用是支持换热管，并将制冷剂与传热介质隔离。它的一侧与筒体焊接，另一侧与端板相配合，用螺栓连接（指卧式）。管板的结构如图 2-76 所示，按与筒体的连接形式分为兼作法兰的（图 2-76a、b）和不兼作法兰的（图 2-76c）。

管板与换热管的连接方法有胀接与焊接两种。焊接能保证连接部分具有较高的强度和良好的密封性，但需耗用焊接材料，且更换管子不方便。胀接不耗其他材料，操作简便，更换管子方便，但连接处强度和严密性不如焊接。目前普遍以铜管或小口径无缝钢管来进行换热管的胀接。

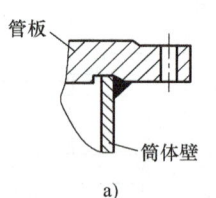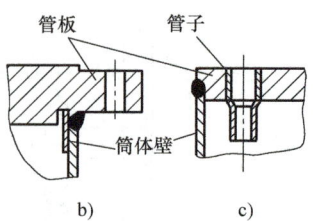

图 2-76 管板的结构

（1）胀接 制冷换热器管板与换热管的胀接属于强度胀接，既要保证换热管与管板连接的密封性，又要有较大的抗拉脱强度。

胀管管孔与管外径间的间隙较小，为 0.2~0.4mm，常用特制的偏心刀具在管孔中加工一道或两道环形槽（图 2-77），以便胀管时使材质较软的管材挤压变形嵌入环形槽内，增加连接的强度和密封性。胀管前，先将管端胀接部位退火，并磨光显出金属光泽。

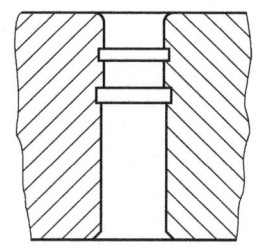

图 2-77 管板开槽

制冷换热器的传热管往往采用铜管或低碳钢无缝钢管，塑性较好，适应了胀管的要求。由于管子外径略小于管板的管孔直径，开始时管子胀大较容易，一旦管外壁与管孔接触，其变形就受到管板的约束。胀管器继续加压，由于管壁厚度比管板小得多，因此管壁继续产生塑性变形，而管板孔则主要是弹性变形。一旦胀管终了，管板就紧箍住管子，从而保证胀管连接的牢固性和严密性。另外，塑性变形的管壁材料一部分被挤入管孔预先加工出的槽内，也加强了牢固性和严密性。

盘形折流板

（2）焊接 直径较大的无缝钢管，材质较硬，管壁较厚，与管板胀接困难，并且由于管子较重，胀接通常不易保证牢固，此时采用焊接较可靠。

4. 支持板和折流板

支持板主要用于卧式壳管式换热器，其作用是支撑细长的换热管，防止其过度下垂，也便于穿管，简化工艺。

圆缺形折流板

折流板的作用是增加管外侧流体的折流扰动，改变流体的流动方向（图 2-78），强化了管外流体的放热，另外还可辅助支撑管。

支持板通常用厚 6~10mm 的钢板制成，折流板用厚 4~6mm 的钢板制成或用两块 2mm 厚的钢板中间夹橡胶板制成。

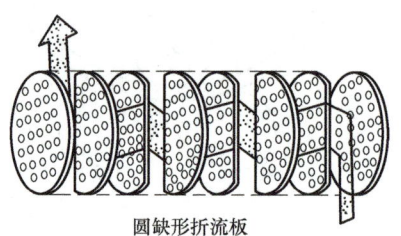

圆缺形折流板

换热器若不设置折流板，当管长超过一定限值时，应设支持板，以防换热管过分曲挠。

图 2-78 常用的折流板

折流板安装的最小间距、最大间距、最小厚度、折流板管孔尺寸及允许偏差、折流板外直径偏差均应满足相应的设计规范。

5. 换热管加工工艺

壳管式换热器所用换热管的结构形式取决于制冷系统的设计要求，目前有光管、滚轧低肋管和内翅片管等。

光管的加工工艺很简单，只需按图样要求电锯落料，去除管端毛刺，然后喷砂处理除去铁锈、油污、毛刺，备用即可。

滚轧低肋管又称螺纹管，材料一般是铜管，是近年来研究开发的一类很有发展前途的换热管。

图 2-79 所示是由铜管轧制成的一种低肋管，一般肋高 1.2~2mm，肋宽 1.0~1.5mm。轧制是在常温下用三组刀片对铜管外壁做无切削挤压，使其成形。为使轧制能连续进行，每把刀片均向同方向倾斜一小角度（约 1°），这也就是低肋管的螺旋角。轧制过程中，刀具和铜管上均喷有润滑油，轧制后要进行酸洗和漂洗。坯管按图样和工艺要求落料，轧制时两端均应留有 80~100mm。管道轧制动画可通过微知库 App 扫右侧二维码观看。

图 2-80 所示是两种国产内翅管，均为管内纵向翅片。其中，图 2-80a 所示是整体式的，是在经退火的铜管中用拉刀拉制而成的。而图 2-80b 所示是铜管和铝肋芯复合而成的，工艺大致为：铜坯管在复合前经退火和酸洗处理，内壁不得有铜屑和还原铜粉末存在；铝肋芯制成后做扭曲处理，约每米长扭曲 450°，以增加扰动和放热强度；铝肋芯将比钢管内径小 1~2mm，铝肋芯穿入铜管，再用直径比铜管外径稍小的模具挤压铜管，使之与铝肋芯紧压，保证接触良好。

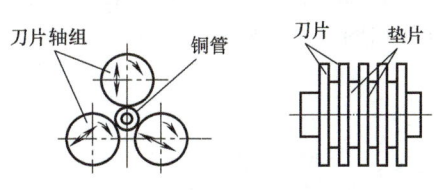

图 2-79　轧制低肋管

图 2-80　内翅管
a）拉制管　b）复合管

近年来，国内在 DAE 高效传热管方面的研究有了新发展。DAE 高效传热管管内有微细螺旋槽，同时还从管外向内轧制了一条大螺纹。DAE 高效传热管可比铝芯复合管提高沸腾换热系数 10% 以上，而压力损失不及铝芯复合管的一半。这种表面微细结构的高效管很有希望成为拉制内翅管和铝芯复合管的替代换热管。

6. 部装

壳管式换热器的总体组装制造工艺大同小异。以下以 LN-125 壳管式冷凝器为例进行说明。

1) 检查。检查零部件是否齐全；检查主要受压件工艺过程记录卡是否齐备、合格。

2) 除锈。用手动砂轮机对每一筒节的端部和距端部 20mm 内外表面打磨除锈至露出金属光泽，内纵焊缝高出部分应磨平。

3) 筒节拼装。使筒节拼装在一起，使相邻纵焊缝错开 180°，然后按装配定位焊操作工艺规则点焊固定。

4）焊接。按焊接工艺规范要求，以自动埋弧焊焊内、外环缝。

5）检验。对焊缝做100%超声波无损检测、20%X射线检测。

6）划线并按图样要求气割开孔。

7）装上、下管板并焊接。

8）装配换热管并焊接。

9）焊接头座及支架加强筋板、铭牌衬板、出液管、进气管、补强圈。

10）成品试验、喷漆、包装入库。

壳管式换热器的制造动画可通过微知库App扫右侧二维码观看。

壳管式换热器的制造动画

绕片管的加工动画

三、其他换热器的制造工艺

其他换热器的种类还有很多，可通过微知库App扫右侧二维码延伸阅读绕片管的加工、压印吹胀型蒸发器的制造、平行流换热器的制造。

压印吹胀型蒸发器的制造动画

平行流换热器的制造动画

知识点四　小型家用制冷装置装配工艺

本知识点将以家用空调器的室内机和室外机装配为例来讲述小型家用制冷装置的装配工艺。家用空调器室外机结构如图2-81所示，室内机结构如图2-82所示。

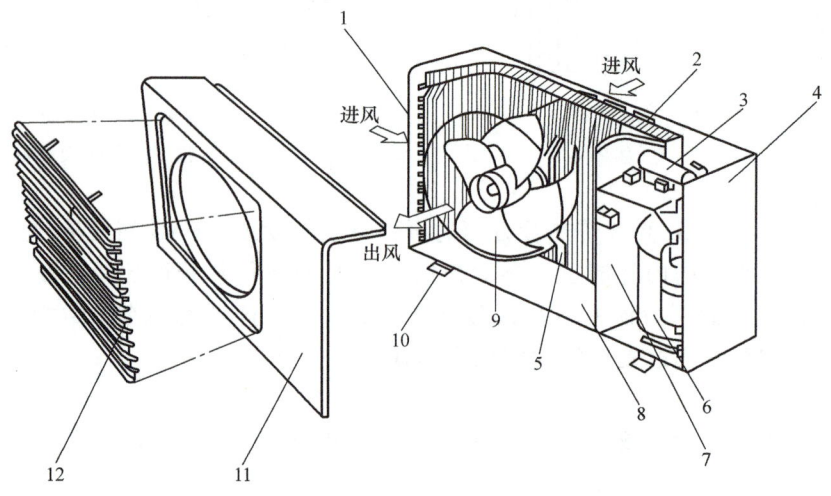

图2-81　室外机的结构解剖图
1、4—后网　2—冷凝器　3—电容　5—支架
6—压缩机　7—隔板　8—底盘　9—风扇　10—安装螺栓孔
11—前盖板　12—前网

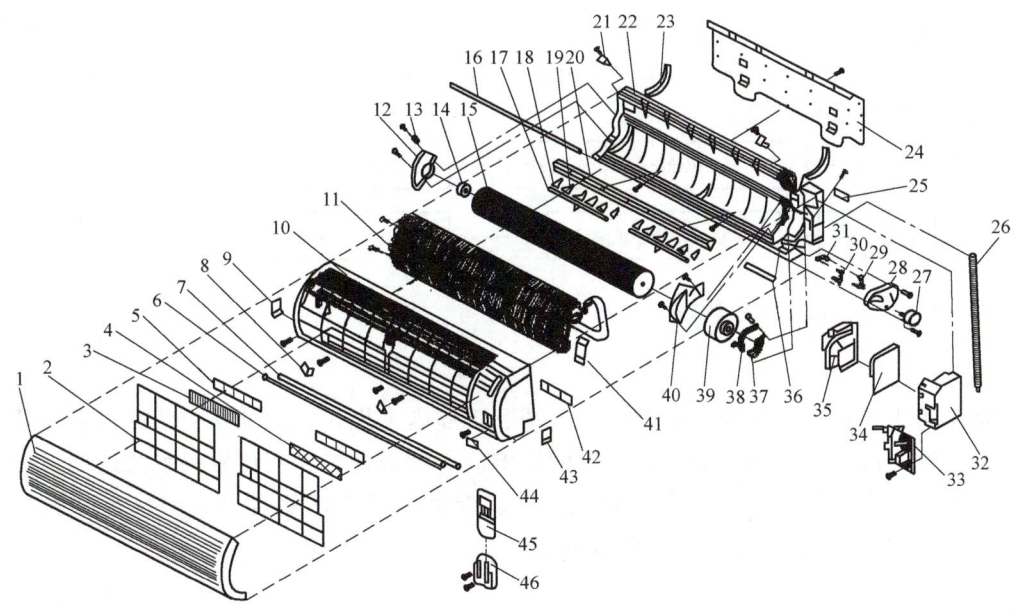

图 2-82 室内机的结构解剖图

1—面板　2—防尘网　3—空气清新网 A　4—空气清新网 B　5—滤清网盖　6—导风条（上）　7—导风条（下）
8—螺钉盖　9—出管盖板（左）　10—面框　11—蒸发器　12—蒸发器左支承　13—蒸发器左支承加强板　14—轴承座
15—贯流风轮　16—出风口衬条　17—连杆　18—百叶 B　19—百叶 A　20—出风框衬条　21—蒸发器紧固块　22—底盘
23—水道　24—室内机安装板　25—配管固定卡　26—出水喉　27—步进电动机　28—摇摆电动机安装架　29—摆杆 A
30—摆杆 B　31—摇摆连杆　32—电控盒　33—接线安装板　34—电路板安装座　35—电控盒盖　36—显示灯座
37—电动机右支承　38—电动机右支承盖　39—电动机　40—蒸发器右支承　41—蒸发器挡水板　42—显示灯镜
43—出管盖板（右）　44—接收窗片　45—遥控器　46—遥控器安装架

一、装配工艺流程

1. 室外机的主要装配工艺流程

下面是室外机的主要装配工艺流程，与之相对应工序的工具设备也按此流程配置，从而形成了生产线布置。

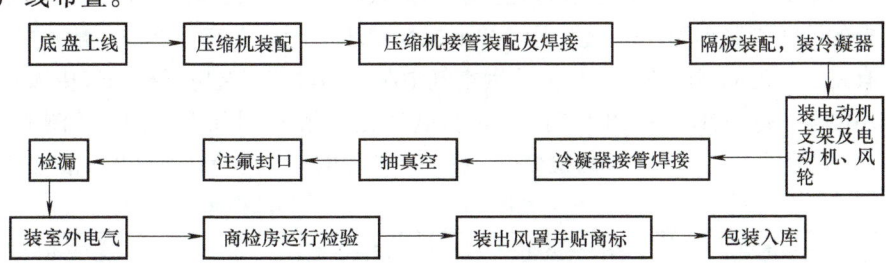

生产线除了装配工具以外，还有基本的检验设备，如检漏仪、漏电及绝缘电阻检测仪、运行检测房，主要是对电绝缘安全性及运行参数进行检测。

室外机的总装生产视频可通过微知库 App 扫右侧二维码观看。

2. 室内机的主要装配工艺流程

值得注意的是，上述装配工艺流程在不同的企业有不同的安排顺序，不同的产品结构，其装配工艺顺序也略有不同。

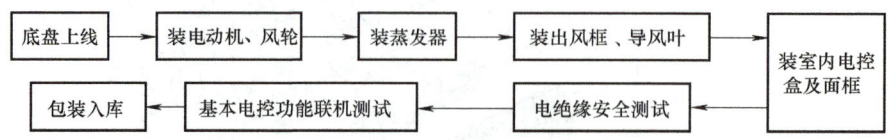

二、装配的总体工艺要求

1. 操作规范

严格按照工艺技术人员设计的装配流程图和工序卡来操作，保证整个装配过程、装配动作规范、一致，减少人为因素对产品质量的影响。各零部件的相互位置关系要适当，连接固定要用力恰当，卡扣到位，禁止野蛮装配。对装配后的零部件要有必需的检查过程（包括自检和互检），发现问题及时报告并配合处理。

2. 工艺要求

制冷系统管路走向应遵循管道横平竖直的布置方式，且管道与管道之间的间隙不可过小，以防运行/运输过程中相互碰撞，最好有减振材料（橡胶、泡沫等）隔在管道之间，管道与钣金外壳等也应有隔振及防碰的措施。管道较长时，应有适当的固定/支撑措施，如与其他结构件捆扎在一起。对于较大功率的机组（或较大换热器、较长配管安装），还应遵循制冷系统回油的管道设计原则，如应有一定坡度、回油弯等。

制冷系统管路焊接后，在充注制冷剂前必须进行抽真空，抽真空要求必须达到绝对压力在133Pa以下（当生产现场没有高精度的真空表时，根据经验，无漏点时抽真空20min以上可达到此压力以下）。目前，所有的充注机都带有高精度的真空度检测功能，只有当制冷系统真空度达到要求时，充注机才会自动充注制冷剂。需注意的是，部分充注机的充注量设定与环境温度有关，这是因为不同的环境温度下，制冷剂密度不同。

3. 现场质检

充注制冷剂后，一般应对制冷系统进行检漏（换热器在部装时会有检漏工序，总装线上仅需焊接为数不多的连接管路焊缝，故发生泄漏的可能性很小，所以在充注之前一般不检漏）。检漏操作须在带有正压气流的房间进行，以防止因空气中制冷剂过多引起电子检漏仪传感器失效。

作为家用电器，每一台产品在出厂前必须进行电气安全检测，主要包括四个检测项目，目前大部分采用将四个项目合并在一起检测的检测仪。家用空调器电气安全检测项目及标准见表2-35。

表2-35 家用空调器电气安全检测项目及标准

检测项目	绝缘电阻	电气强度	泄漏电流	接地电阻
合格标准	DC 500V 测试 >5MΩ	AC 1000V 测试 1s 脱扣电流 5mA，最大 30mA	AC 233V 测试，不大于 2mA/kW	输出 25A 时，接地电阻不大于 0.1Ω（带电源线时不大于 0.2Ω）

对于家电产品，须进行出厂试验，用于验证产品的基本功能。对于家用空调器室外机，须配对室内机，连好管路、电线，主要进行起动运行，制冷/热功能的验证；对于室内机，一般可不用配对室外机，利用遥控器，对室内机的起动运行，冷/热功能，温度、模式、风

速调节功能予以验证，同时也可观察声音、振动情况。

任务实施、评分与反馈

1. 任务实施

装配工艺的设计要结合具体的产品结构。以某品牌空调室外机为例，对该室外机的结构做进一步分解之后，可以得到表 2-36 的零件。进行装配工艺设计的主要任务之一就是要表达清楚：每一个零件的装配是在哪个车间完成的（相当于工艺路线设计）；在总装线上，每一个工位完成什么装配工序（相当于总装工艺过程设计）；每一部件的状态（由哪几个零件组成）。

表 2-36 某品牌空调室外机典型零件分拆表

零件分类	零 件 名 称
1. 钣金件	底盘、室外机电控安装板、电容卡、后网、电动机支架、隔板、前盖板、前网、阀安装板、压缩机安装螺栓（3 件）、底座安装板（2 件）
2. 塑料件	后网把手、接线端盖、风轮、电控压线卡
3. 管阀件	高压阀、低压阀、工艺管、冷凝器输出管、Y 形三通、过滤器、毛细管 1、毛细管 2、单向阀、单向阀-高压阀接管、冷凝器汇流管、T 形三通、T 形三通接管 1、T 形三通接管 2、四通阀-冷凝器接管、低压阀-四通阀接管、压缩机回气管 1、压缩机回气管 2、压缩机排气管、四通阀、压缩机（含减振胶 3 个）、冷凝器
4. 海绵件	冷凝器间隔海绵 1、冷凝器间隔海绵 2、冷凝器后密封海绵、冷凝器密封海绵、冷凝器输入管防撞海绵、毛细管防撞海绵、后网右顶密封海绵、冷凝器顶海绵、隔板密封海绵、隔板前海绵、隔板顶海绵、电动机穿孔海绵、电控板压线海绵
5. 电气件	压缩机线、压缩机电容、风扇电容、接线端子、电动机、接地线、端子电容线
6. 其他	商标、室外机铭牌、室外机警示标识、室外机接线铭牌、防振胶 1、防振胶 2、防振胶 3、防振胶 4
附加件	底包装泡沫 1、底包装泡沫 2、底包装泡沫 3、顶包装泡沫 1、顶包装泡沫 2、底纸板、配件纸箱、顶纸箱、型号标贴（2 张）、认证标贴（2 张）、铭牌标贴（2 张）、防撞木架（2 只）、遥控器、电池、说明书、安装指南、保修单、特约服务商目录、连接管（大小各 5m，含保温套）、安装螺钉（若干）、封墙泥（1 盒）、穿墙管、塑料管卡、内、外机连接导线组

装配工艺设计还应结合具体的生产线。以某企业的生产线为例，典型空调室外机总装生产线如图 2-83 所示。其中，A~Q 是阶段工位点，如工位 B 可能有许多装配工序，但必须包括压缩机的装配工序。这是因为生产线一旦安装后，其主要装配物料的堆放位置应是基本固定的，只能在很小的距离内调整。同时，生产线上对产品的调整设备、检测设备都是固定的，有些装配工作必须在这些设备之前或之后完成。如 H（抽真空）工位之前，所有焊缝（除工艺管封口外）都应焊接完毕。同理，在试运行之前，应进行电气安全检测（以防

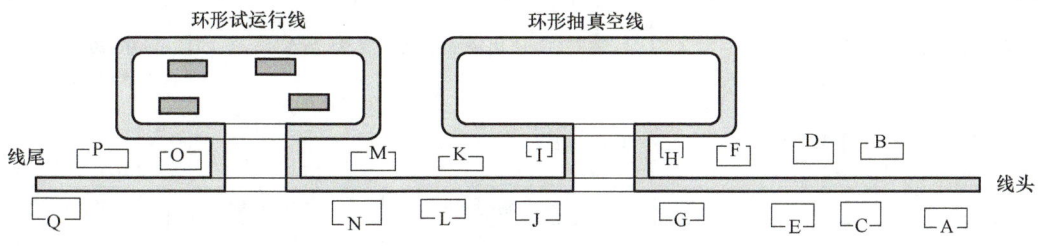

图 2-83 典型空调室外机总装生产线

A—底盘　B—压缩机　C—冷凝器　D—压缩机接管　H—抽真空开始
I—抽真空结束　L—检漏　N—电气安全检测　O—检漏　Q—包装

断路、短路、漏电等），而电气检测（工位 N）之前，则应将所有的电气件、所有的电线接插件都接好。这些都是生产线对装配顺序的起码要求，也是设计应遵循的起码次序。

1）列出室外机总装部件明细表及部件所包含的组件、零件明细表（可参照表 2-37）。

表 2-37 总装零部件物料清单

物料序号	物料名称	物料组成	配送仓库	备注/编码
1	蒸发器部件		管阀件仓	
1.1		蒸发器	管阀件仓	
1.2		蒸发器左支撑	钣金件仓	
1.3		输入输出管组件	管阀件仓	
2	出风框组件		塑料件仓	
2.1		出风框	塑料件仓	
2.2		步进电动机	电气件仓	
2.3		导水管	塑料件仓	
2.4		扎带	塑料件仓	
3	塑封电动机		电气件仓	
4	……	……	……	……

2）画出室外机总装工艺流程（可参照表 2-38）。

表 2-38 工艺流程

产品名称		产品型号		适用场合	文件编号	JS-01-2002 6.2（A）+3200	
分体室内机		KFR-32G/Y		室内机线	共 2 页	第 1 页	
序号	工序名称	流程及零部件名称、规格	数量	工艺规范		工艺卡编号	备注
01	底盘上线	○		工装垫板干净，底盘无变形，外观色泽均匀		JS-01-2002 6.2（A）+3201	
		├底盘部件	1				
		├条形码	8				
		├生产流程记录表	1				
02	装电动机、风轮	○		风叶两端与安装位间隙均匀，风叶旋转顺畅		JS-01-2002 6.2（A）+3202	
		├塑封电动机	1				
		├贯流风叶	1				
		├橡胶轴承座	1				
		├电动机盖	1				
		├条形码	1				
03	装蒸发器部件	○		焊接无过烧、焊缝填充饱满		JS-01-2002 6.2（A）+3203	
		├蒸发器部件	1				
				表面翅片无刮花，蒸发器放置到位			
04	装出风框组件	○		出风框表面无变形、刮花		JS-01-2002 6.2（A）+3204	
		├出风框组件	1				
		│					
		├条形码	1				
……	……	……		……		……	……
				编制/日期	会签/日期	审核/日期	
标记	处数	更改文件号	签字	日期			

3）从工艺流程中任意抽取五个装配工序编制相应的作业指导书（可参照表 2-39）。

项目二 小型制冷装置的工艺分析

表2-39 作业指导书（例）

工序号	作业名称	产品名称	适用机型	作业类型	文件编号	共1页
03	装蒸发器部件	分体室内机	KFR-32G/Y	装配	JS-01-2002 6.2(A)+3203	第1页
作业步骤	装蒸发器部件	零部件名称、规格及数量	蒸发器部件 1	装配简图	蒸发器 底盘	
	装配要求及动作要点	从周转车上取一焊好的蒸发器部件，将其套好保温管的铜管从底盘右侧穿过孔穿过底盘背面，再将蒸发器部件的左右端板卡入底盘上固定蒸发器卡位		工艺装备及器具	风批	
	质量要点	1. 安装过程中，手抓蒸发器两端，轻拿轻放，避免碰伤蒸发器翅片 2. 注意保温管是否套好且无破损，保温管装配到位 3. 弯曲蒸发器输入输出管时，注意勿用力过猛，以免铜管折扁		工艺装备及器具维护要点	风批要定期维护，参照《风批操作规程》	安全事项
				编制/日期	会签/日期	审核/日期
标记	处数	更改文件号	签字	日期		

113

2. 检测评分

将任务完成情况的检测与评分填入表 2-40 中。

表 2-40 任务实施检测评分表

序号	检测项目	检测内容及要求	配分	学生自检	学生互检	教师检测	得分
1	职业素养	文明礼仪	5				
2		工作态度	5				
3	技能水平	生产线实操	15				
4		总装实操	15				
5	能力水平	工艺设计水平	50				
6	清洁整理	器具归还、场地整理	10				
	综合评价						

3. 任务反馈

请将装配工艺设计中的经验与不足写下来，填入表 2-41，尤其是总装物料、工艺流程及装配工序卡编制过程中的理解与文案表达方面，并进行原因分析，提出教学的改进建议。

表 2-41 任务实施反馈表

序号	任务实施成功（或不足）之处	原因分析	改进建议

思考与练习

1. 装配工艺性有哪些方面？
2. 套片管换热器与绕片管换热器相比有哪些优点？
3. 套片采用的材料、加工设备及工艺流程。
4. 家用空调器电气安全检测项目及合格标准。

任务六 设计夹具

任务描述

设计管道与阀门焊接所用夹具，由于阀门内有塑料（或橡胶）密封元件，与管道焊接成一体时需采用降温措施以防止阀体内的密封元件损坏。通常是将阀门与管道对插装配后，浸入水中（焊缝露在水面上），再进行焊接，可保证密封元件不损坏。当然为了满足生产速度的要求，还应该使阀门、管道快速放置稳当，同时还需保证阀门与管道的装配角度（图 2-84 中的角度 Y）。

本任务要求设计适用于批量生产的、能快速且稳当放置零件、快速定位、实现装配角度的夹具。

知识目标

- 掌握夹具的组成。
- 掌握定位与夹紧的基本原理。

能力目标

- 能设计夹具的三维方案。
- 能根据三维方案绘制零件的二维图。

知识准备

工装夹具设计是工艺技术人员为了提高生产率、降低工人劳动强度、提高产品质量而采取的技术革新。由于工装夹具投资少、见效快，因此利用工装夹具来提高制造水平是许多企业常用的方法，也是工艺技术人员的日常工作之一。

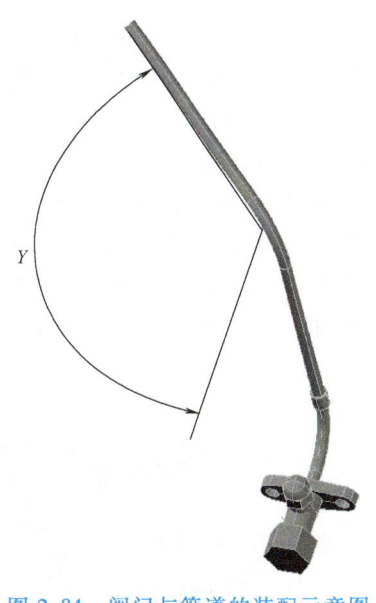

图 2-84　阀门与管道的装配示意图

为了完成工装夹具的设计，工艺技术人员须深入理解夹具的结构与特点，工序工艺的要求，工件定位与夹紧的基本原则。当然，熟练运用三维绘图软件也是必不可少的技能。

知识点一　夹具的应用

工装是工艺装备的简称，是指为实现工艺规程所需的各种刃具、夹具、量具、模具、辅具、工位器具等的总称。夹具则是在机械制造过程中，对工件起着定位与夹紧作用，使工件在加工设备上处于且保持正确位置的附加装置。夹具可以提高加工（装配）的效率，保证精度，降低劳动强度，在机械加工过程中大量采用。在小型制冷装置制造中，许多加工过程、焊接过程、装配过程、检测过程采用了夹具。

图 2-85 所示是在一个筒形件上钻 8 孔的夹具，工件 3 是一筒形件，需在圆周方向上均匀地钻 8 个孔。在曲面上钻孔本身就很困难，精度难以保证，如果不采用夹具，将难以实现。

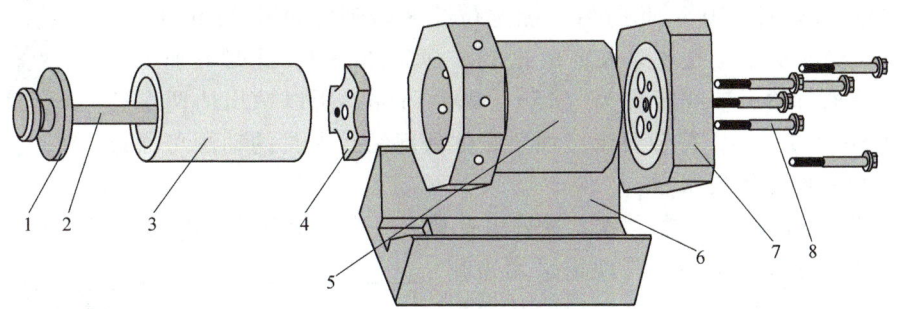

图 2-85　筒形件钻 8 个孔的翻转式夹具

1—垫片　2、8—螺栓　3—工件　4—调整块　5—前钻模　6—V 形块　7—后钻模

首先将工件 3 装入前钻模 5 内，工件与前钻模配合间隙极小，以此保证工件与前钻模筒的同轴度，从而精密定位。前钻模 5 压入后钻模 7 的圆形槽内，实现前钻模与后钻模之间的定位，再通过螺栓 8 紧固。工件 3 的紧固靠螺栓 2 及垫片 1 实现。孔的轴向位置靠调整块 4

来进行调整。调整块 4 通过螺栓 8 实现与整个夹具的紧固。整个夹具置于 V 形块 6 上，钻头通过前钻模的导向孔就可以在工件表面上钻孔，每钻完一个孔后，将整个夹具翻转 1/8 圈，再放入 V 形块中，即可钻下一个孔。钻 8 孔的翻转夹具的动画视频可通过微知库 App 扫右侧二维码观看。

钻8孔的翻转夹具动画

图 2-86 所示是油泵的壳体零件，该零件需要在顶部钻两个轴承孔，孔距尺寸要求为（30±0.02）mm。由于该零件外形较为复杂，不能用通用的夹具（如自定心卡盘等）夹持，故需采用专门的夹具，同时由于孔距有较高的精度要求，因而加工很复杂，效率低，采用图 2-87 所示的夹具可以高效地完成钻孔工作。

图 2-86 油泵壳件零件

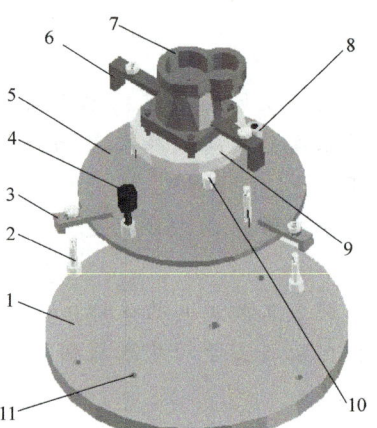

图 2-87 油泵顶部钻孔夹具
1—工作台 2—螺栓 3、6—压条 4—定位销 5—转盘
7—工件 8、11—定位孔 9—圆盘 10—转轴

首先将工件 7 通过销（工件底部的四个安装孔内用销）穿入圆盘 9 及转盘 5 中的对应孔，以此定位，并用压条 6 予以紧固。转盘 5 通过转轴 10 与工作台 1 相连，转轴 10 与钻床钻头轴线距离为（15±0.005）mm，转盘 5 上另有定位销 4 用于转盘 5 与工作台 1 的相对定位。加工时，先加工结束壳体的左边孔，拆松压条 3，拔出定位销 4 后，将转盘绕转轴 10 转过 180°，此时另一侧定位孔 8 转到定位孔 11 的上方，此时再将定位销 4 从定位孔 8 穿入定位孔 11，压紧压条 3，此时可加工另一孔。由于转轴与钻头轴线距离为（15±0.005）mm，所以钻出的两个孔距应为（30±0.01）mm，符合要求。油泵壳体顶部钻孔夹具的动画可通过微知库 App 扫右侧二维码观看。

油泵壳体顶部钻孔夹具动画

在制冷装置的制造过程中，也大量采用夹具。生产线上常将商标贴到产品上，如果没有夹具，则张贴的位置不统一。若现场采用边测距边张贴的方式，难以一次准确定位，从而引起张贴废品率上升。采用一简单的夹具即可实现快速而准确地张贴，自制一"L"形的定位木块或橡胶块，将外端角部与产品的外壳右上角靠齐，而内端角部则是张贴商标的右上角起点，如图 2-88 所示。

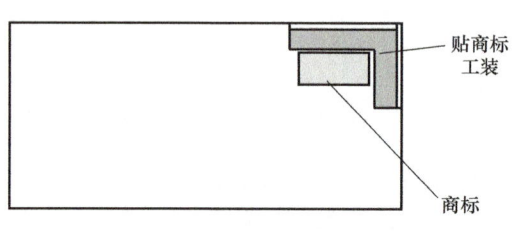

图 2-88 贴商标夹具示意图

图 2-89 所示是弯管中所用夹具的例子。在弯管工艺中,管道的弯曲角度是须严格控制的,但如果在弯管后再来测量角度是否正确,显然是"亡羊补牢",因此必须让弯管工人在操作时能感知是否已弯到位。图 2-89 中在弯管模具的夹块上加一手柄,并在模具上加一角度限位块,当弯管时手柄碰到角度限位块时,说明已达到规定角度,不允许再弯了,当然,也不可能再弯了(因为限位块已挡住了手柄的转动)。从而在弯管过程中,省去了繁琐的测量、试弯等过程,使角度的控制显得轻松而快捷。

夹具的工作原理与作用的视频可通过微知库 App 扫右侧二维码观看。

夹具的工作原理与作用

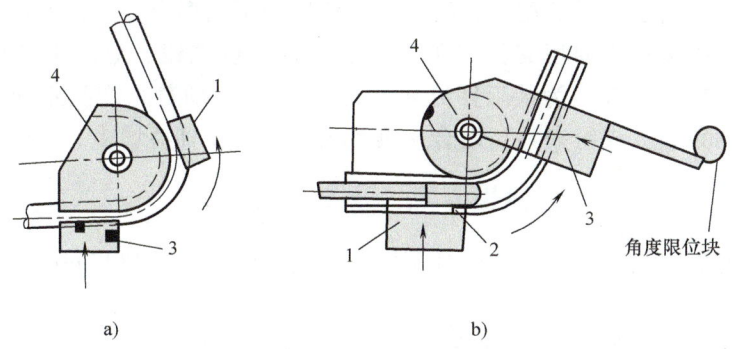

图 2-89 弯管模限位夹具(角度限位块)

1—压块 2—芯棒 3—夹块 4—弯曲模

知识点二 夹具的分类

根据通用程度不同,机床夹具可分为以下几种。

1. 通用夹具

这类夹具具有很大的通用性,现已标准化,在一定范围内无须调整或稍加调整就可用于装夹不同的工件。如车床上的自定心卡盘、单动卡盘,铣床上的平口钳、分度头、回转盘等。这类夹具通常作为机床附件,由专业厂生产。其使用特点是操作费时、生产率较低,主要适用于单件小批生产。

2. 专用夹具

这类夹具是针对某一工件的某一固定工序而专门设计和制造的。因为不需要考虑通用性,所以这类夹具结构紧凑、操作迅速、使用方便。这类夹具比通用夹具的生产率高,但在产品变更后就无法利用,因此适用于大批量生产。

3. 成组可调夹具

在多品种小批量生产中,通用夹具的生产率较低,产品质量不高,采用专用夹具也不经济。这时,可采用成组加工的方法,即将零件按形状、尺寸和工艺特征等进行分组,并为每一组零件设计一套可调整的"专用夹具"。使用时只需稍加调整或更换部分元件即可用于同一组内的各个零件。如滑柱式钻模和带可调换钳口的平口钳等夹具。

4. 组合夹具

组合夹具是一种由预先制造好的通用标准零部件经组装而成的夹具。当产品变更时,夹具可拆卸、清洗,并在短期内重新组装成另一形式的夹具。因此,组合夹具既能适应单件、小批生产，又可用于中等批量生产。

5. 随行夹具

在自动生产线上，工件安装在随行夹具上，由运输装置输送到各机床，并在机床夹具或机床工作台上进行定位夹紧。

机床夹具也可按适用机床分为钻床夹具、车床夹具、铣床夹具、磨床夹具、镗床夹具、拉床夹具、插床夹具和齿轮加工机床夹具等。

若按所使用的动力源，机床夹具又可分为手动夹具、气动夹具、液压夹具、电动夹具、磁力夹具、真空夹具和离心力夹具等。

在实际生产中，由于工件的质量、批量和经济性的不同要求，从而使用着各种类型的夹具。单件小批生产中多采用通用夹具（如自定心卡盘、台虎钳、分度头等）。成批生产中，广泛采用各种专用夹具（专门为某工件的某个工序使用）。随着生产技术的发展和提高经济效益的要求，可调夹具、成组夹具、组合夹具等的应用也在日益增多。

知识点三 夹具的组成

以机床夹具为例，它们可以分成各种不同的类型，但都由下列共同的基本部分所组成。

1. 定位装置

定位装置用于确定工件在夹具中的位置，由各定位元件构成。常用的定位元件有 V 形块、定位销和定位块等。图 2-90 中，定位销 2 即为定位元件。

2. 夹紧装置

夹紧装置用于保持工件在夹具中的既定位置，使工件不致因加工过程中外力的作用而产生位移。它通常是一种机构，包括夹紧元件（如压板和压脚等）、增力元件（如杠杆、螺旋和凸轮等）和动力源（如气缸和液压缸等）等。图 2-90 中，开口垫圈 6、螺母 7 和定位销 2 上的螺栓等构成了夹紧装置。

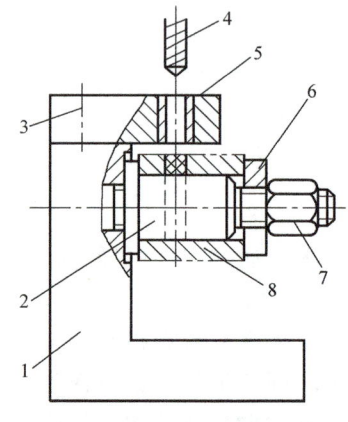

图 2-90 夹具的组成

1—夹具体 2—定位销 3—钻模板
4—钻头 5—钻套 6—开口垫圈
7—螺母 8—工件

3. 对刀元件及导向元件

对刀元件是在夹具中起对刀作用的零部件，如对刀块等。导向元件是在夹具上起引导刀具作用的零部件，如图 2-90 中的钻套 5。

4. 夹具体

夹具体是指用于连接夹具上各个元件或装置，使之成为一个整体的基础件，如图 2-90 中的夹具体 1。夹具体也用来与机床的有关部位相连接。为了使夹具体在机床上占有准确的位置，一般夹具（小型夹具例外）设有供夹具体在机床上定位和夹紧用的连接元件，如定位键、定位销和紧固螺栓等。

5. 其他元件和装置

根据需要，夹具上还可有其他组成部分，如分度装置和自动上下料装置等。

在夹具的组成部分中，定位装置、夹紧装置和夹具体三部分是每个夹具都必不可少的，至于对刀元件、导向元件及其他装置等，可就使用要求而定，有的需要，有的不需要。

知识点四　工件的定位

在加工工件前，必须使工件在机床上或夹具上占据正确的位置，称为定位；为保证工件在机床上或夹具上占据的正确位置不被改变，就必须夹紧；由"定位"到"夹紧"的整个过程统称为安装（夹紧的未必是定好位的，而定好位的未必夹紧了，两者概念不同）。在机械加工中，根据生产批量、加工精度、工件大小及复杂程度，可选择的定位方法有找正定位和夹具定位。

一、找正定位

将工件装在机床上，然后按工件某一（或某些）表面，或按工件表面上事先划好的线，用划针或百分表等其他量具进行找正，使工件在机床上处于正确的位置。此法简便、经济，能较好地适应加工对象和工序的变换，其定位精度与工人的技术水平和所采用的量具有关，但生产率低，劳动强度大，故常用于单件小批生产或用一般夹具达不到精度要求的高精度场合。

二、夹具定位

事先在机床上安装一个附加装置，即夹具，将工件放在夹具上使它们的定位表面与夹具上的定位元件的定位面接触，即完成了定位，然后将工件夹紧，这样就可以迅速和方便地使工件在机床上处于所要求的正确位置。工件无须找正，生产率高。因此，在成批生产或大批大量生产中都广泛采用夹具来装夹工件。

三、工件定位原理

1. 六点定位原理

如图 2-91 所示，任何刚体在空间都有六个自由度，即沿空间三个互相垂直的坐标轴的移动 $\vec{X}$、$\vec{Y}$、$\vec{Z}$ 和绕三个坐标轴的转动 $\hat{X}$、$\hat{Y}$、$\hat{Z}$。如果用六个支承点与工件接触，使工件的六个自由度完全被消除，则该工件在空间的位置就完全确定了，这就是六点定位原理。

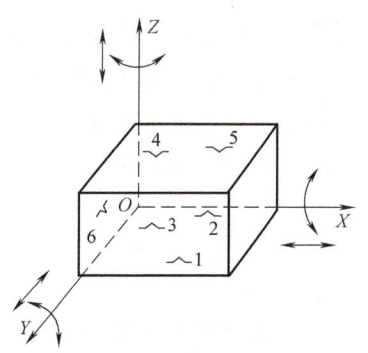

图 2-91　空间自由度

2. 完全定位与不完全定位

工件在定位时应限制的自由度数完全由工件在该工序中的加工要求所决定。如图 2-92 所示的工件，要求加工后其顶面与底面的距离为 h，则按此要求只须限制三个自由度 $\hat{X}$、$\hat{Y}$、$\vec{Z}$。如果要求在工件的侧面铣削一个槽，要求其侧面和底面分别平行于工件的侧面和底面，且此槽与侧面和底面还有一定的距离要求，那么除了限制 $\hat{X}$、$\hat{Y}$、$\vec{Z}$ 三个自由度外，还应限制 $\hat{Z}$、$\vec{Y}$ 两个自由度。若在工件上钻图 2-92 所示的两个孔，就必须限制工件的六个自由度。工件的六个自由度全部被限制，在空间占有完全正确的唯一位置的定位，称为完全定位。部分自由度被限制（不到六个）

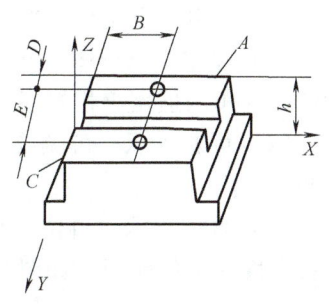

图 2-92　加工要求与自由度

的定位，称为不完全定位。在实际加工中，具体需要限制哪几个自由度，则根据加工工序而定。如果用夹具对一批零件进行定距加工，那么在工序图上，哪个方向上有尺寸要求或精度要求，就必须限制哪个方向上的有关自由度，如图2-93所示。由此可见，不完全定位是允许的。

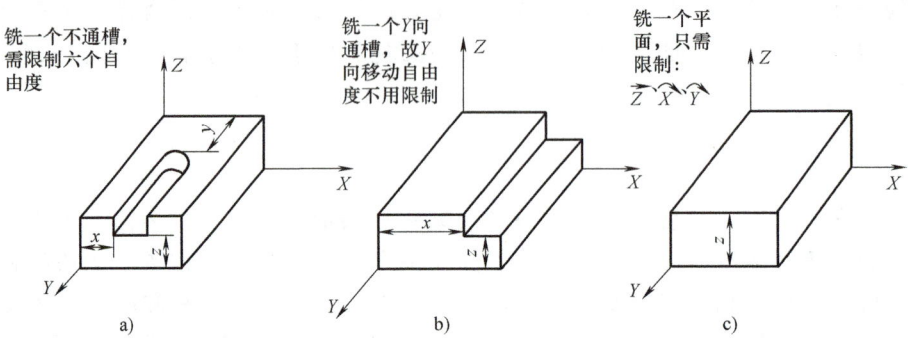

图2-93　加工工序与限制自由度的关系

3. 欠定位与过定位

按工艺要求应该被限制的自由度未被限制的定位，称为欠定位。欠定位不能保证加工精度，因而是不允许的。

工件的某一自由度同时被一个以上的定位支点来限制的定位，称为过定位。如图2-94所示，齿轮的内孔用长销定位，底面用平面定位，即为过定位。因为平面限制了 $\vec{Z}$、$\hat{X}$、$\hat{Y}$ 三个自由度，长销限制了 $\vec{X}$、$\vec{Y}$、$\hat{X}$、$\hat{Y}$ 四个自由度，可以看出其中 $\hat{X}$、$\hat{Y}$ 被重复限制了。由于工件和夹具都有误差，这时工件的位置就有两个可能：使用长销定位时底面就靠不牢；按底面定位时，长销会被压弯，因此过定位也是不允许的。

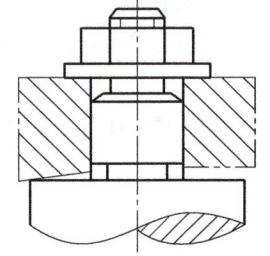

图2-94　过定位示意图

知识点五　夹紧与定位元件

1. 工件以平面定位

精基准面可直接用一平面定位，或用支承板定位。粗基准面由于表面粗糙，两平面间只能有三个最突出的小点相接触，接触点位置是随机性的。三接触点所构成三角形的面积可能很小，使定位不稳。为了使三接触点控制足够大的面积，往往将定位元件的工作表面做成三个支承点，用三个支承钉来定位。支承钉有许多种，大多已经标准化和规格化。

（1）固定支承　图2-95所示为三种固定支承，其中图2-95a所示适用于光滑平面，图2-95b、c所示适用于粗糙平面。固定支承的特点是不能调整，高低固定。

（2）可调支承　可调支承用于未加工平面，以调节补偿各批毛坯尺寸的误差，如图2-96所示。

（3）自位支承　自位支承又称浮动支承。虽然其支承点有两点或三点，但只起限制一个自由度的定位作用，如图2-97所示。其特点是增加接触点以减小压力强度，增强工件的刚度。

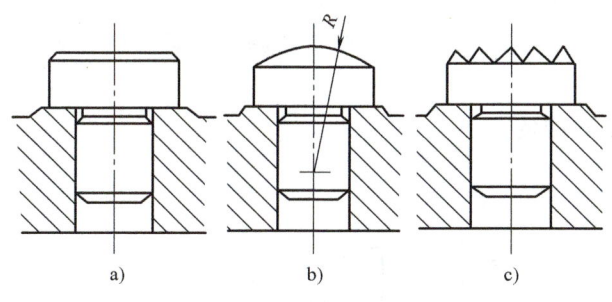

图 2-95 固定支承

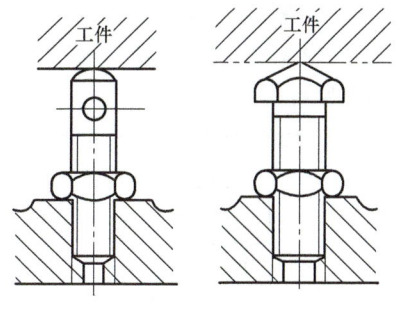

图 2-96 可调支承

（4）辅助支承　辅助支承只有在工件定位锁紧后才成为固定支承，它不起定位作用，仅起支持作用。其目的是增强工件的刚度，提高工件的稳定性，如车削细长轴时所用的跟刀架。

2. 工件以外圆定位

外圆定位是以工件的外圆柱表面作为定位基准，常用的定位元件有套筒、V形块，如图2-98所示。

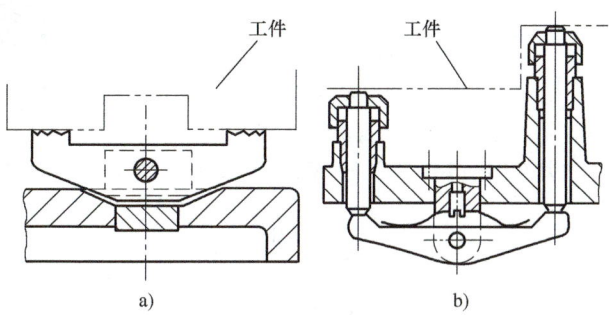

图 2-97 自位支承

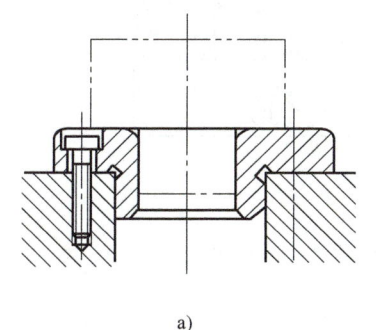

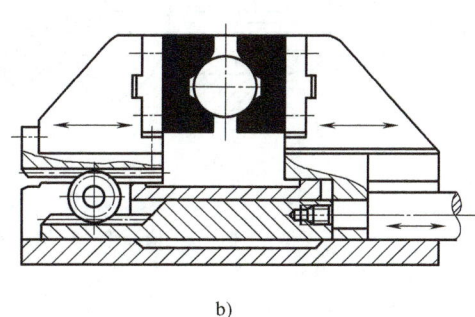

图 2-98 外圆定位
a) 套筒定义　b) 双V形块定义

3. 工件以圆孔定位

工件以圆孔定位时，其定位基准是内孔的轴线。此时常用的定位元件有圆柱定位销或圆锥心轴（锥度为1/1500或1/2000），如图2-99所示。

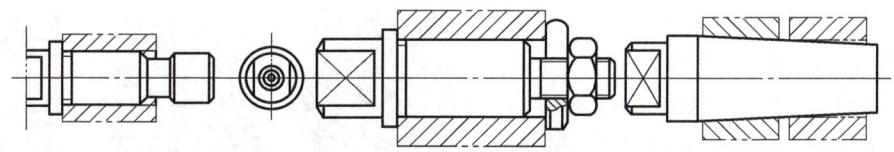

图 2-99 圆孔定位（圆柱定位销或圆锥心轴）

夹具除了定位元件外，另一主要组成部分是夹紧装置。对夹紧装置的要求如下：
1）夹紧时不应破坏工件的正确定位。

2）夹紧力应保证在切削时工件不产生位移。

3）夹紧过程应迅速、省力、方便可靠。夹紧方法有螺旋夹紧、偏心夹紧、杠杆夹紧和定心夹紧等。

图 2-100～图 2-102 所示是一些夹紧装置的例子。

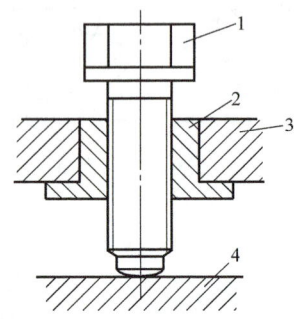

图 2-100　螺纹夹紧机构

1—螺杆　2—螺纹孔　3—夹具体　4—工件

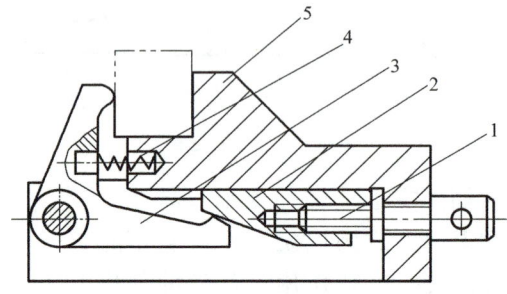

图 2-101　斜楔夹紧机构

1—螺杆　2—楔块　3—压块　4—弹簧　5—工件

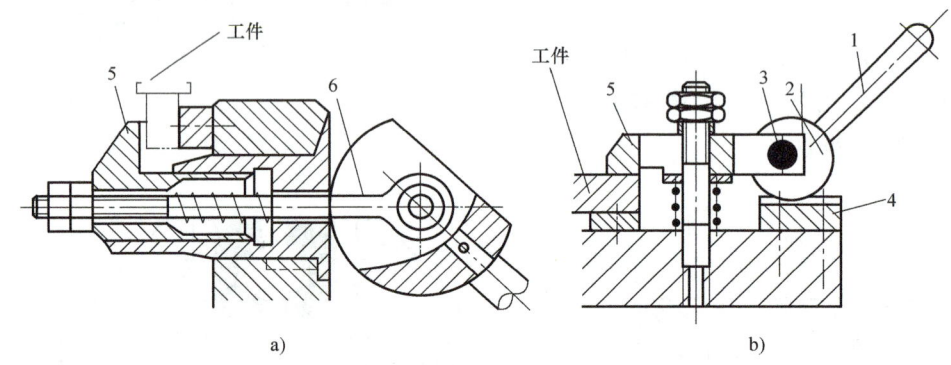

图 2-102　偏心夹紧机构

1—手柄　2—偏心轮　3—轴　4—槽块　5—压块　6—拉杆

任务实施、评分与反馈

1. 任务实施

夹具设计包含夹具方案的构思和夹具零件结构的构思，鉴于学生的绘图表达水平及企业实际工作需要，夹具方案的构思应采用三维建模的方式表达，而零件结构的构思则采用二维图。设计夹具必须注意工序的要求与设计要求。

（1）工序要求　在阀体与其他管道的焊接过程中，必须保证阀体的温度不超过120℃，同时在焊接时，还应通入氮气保护。为此可设计如图 2-103 所示的夹具，利用水槽 5，将阀体 4 浸入水中，这样在焊接过程中，阀体温度就不会超限。同时在阀接管的管口通入氮气，保护铜管内壁不被氧化。工序要求可通过微知库 App 扫右侧二维码获取。

（2）设计要求

设计要求1：要求阀门或管道放入夹具后，与夹具的定位元件表面相接触后，阀门或管道即应处于正确的位置（方位，高低），然后实施夹紧（可利用弹簧力、螺纹紧固力、重物紧压），焊接完成后，须顺利取出工件。工件的装夹、取下（焊后）都应快速进行。

设计要求2：任选一阀门型号（尺寸见表2-42，阀门型号为16X、12X、12Y、9X、9Y、6X、6Y中任一），设计其相应的焊接夹具。夹具应能适应各种外接管尺寸（外接管形状如图2-103所示阀接管3，但尺寸V、W可变化，装配方位角度Y可变化）。

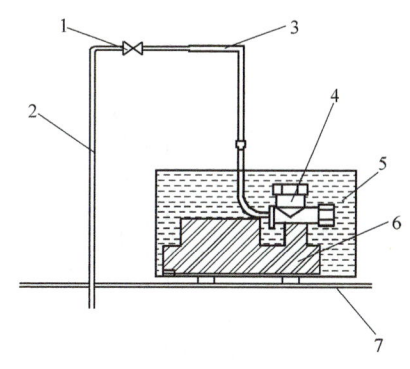

图 2-103　焊接示意图

1—气阀　2—氮气管　3—阀接管　4—阀体
5—水槽　6—阀定位块　7—工作台

设计要求3：所设计夹具的零件形状要考虑毛坯易得；加工容易；使用及维护方便；可靠性好，使用寿命长；尽量采用标准件、通用件等因素。

设计结果与要求如下：

1）零件图样：用A4纸画出来，每张纸一幅图，并标明材料。

2）夹具的装配图：在A4纸上画出，标明技术要求，填写好零件的明细栏。

3）夹具使用说明书：用A4纸写，须用图文清楚地表达其装配关系和工作原理。

难点提示：管的装配方位角度可变化。即管的水平段可指向各方位，但方位调整好后，夹具须有效定位并夹紧管。装配方位角及阀体、阀接管的尺寸变化范围见表2-42及图2-104。

表 2-42　阀及接管尺寸　　　　　　　　　　　　　　　　　　（单位：mm）

尺寸代码 \ 型号	16X	12X	12Y	9X	9Y	6X	6Y
A	31	25	25	22.5	22.5	16	16
B	21	15	15	14.5	13.5	12	13.5
C	39	37	37	37	37	37	36.5
D	31	25	25	25	25	25	25
E	9	10	10	12.5	12.5	0	0
F	16	16	16	15.5	15.5	0	0
G	54	50	50	50	50	50	49.5
H	82	85	85	35	65	50	36
I	14+10	14+10	14+10	11+8	11+8	7+6	7+6
J	17	13	13	12.5	12.5	12.5	13
K	15	13	13	14.5	12.5	15	15.5
L	46	37	37	32	32	27	27
M	38	30	30	31.5	33	0	0
N	16	13	13	13	13	0	0
O	16	12.7	12.7	9.5	9.5	6.3	6.3
P	50	32	32	52	38	29	34
Q	6.0	5.0	5.0	6.3	6.3	6.0	6.0
R	23	16	16	14	13.5	15	14
S	35	27	30	32	27	24.5	28.5
T	14	14	14	13	13	12.5	13
U	23	15.5	15.5	15.5	15.0	15.5	15.5
X	7.0	7.0	7.0	6.5	6.5	7.0	7.0
V	60~400						
W	150~600						
Y	110°~250°						

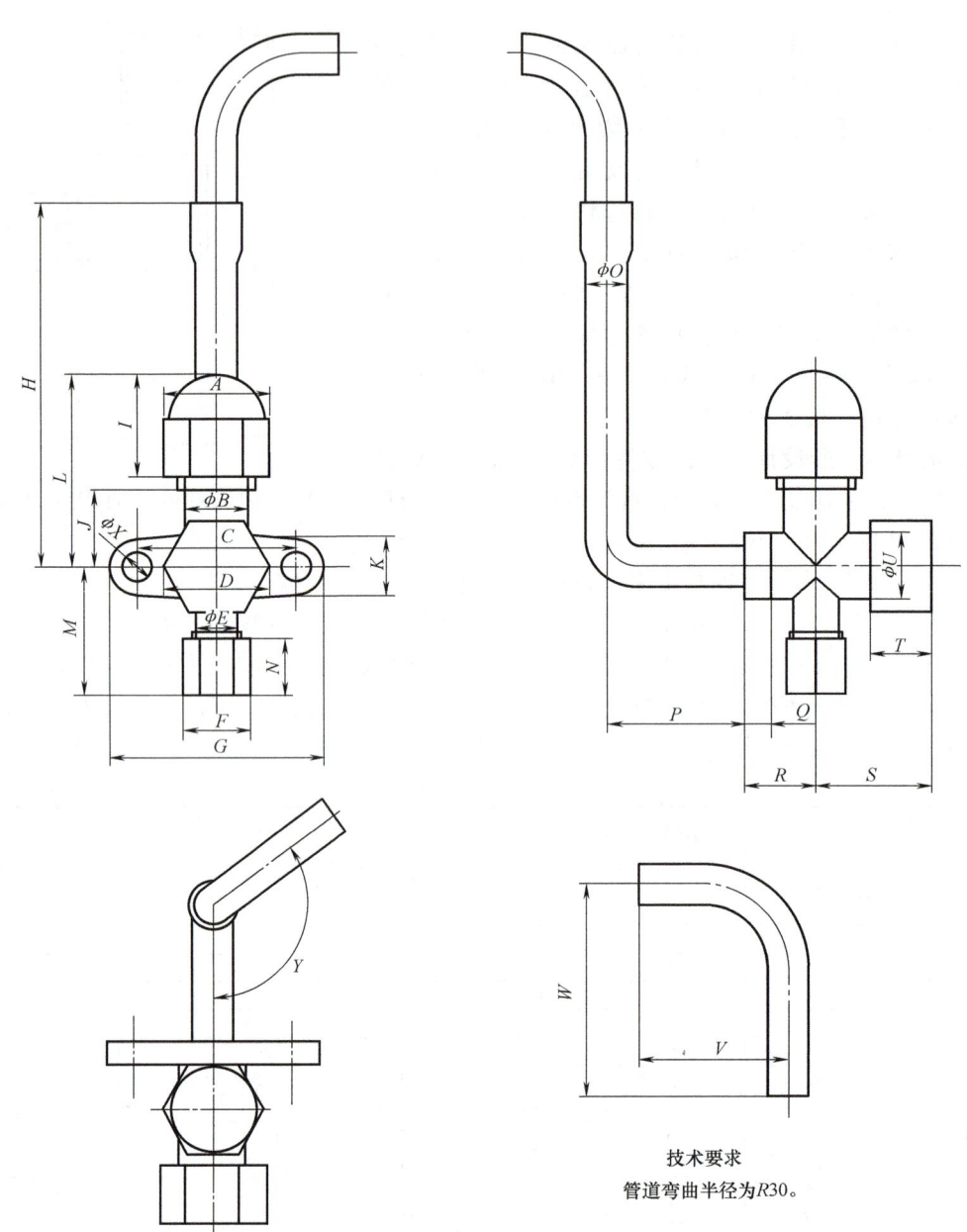

图 2-104 阀及接管图

2. 检测评分

将任务完成情况的检测与评分填入表 2-43 中。

表 2-43 任务实施检测与评分表

序号	检测项目	检测内容及要求	配分	学生自检	学生互检	教师检测	得分
1	职业素养	沟通意识	5				
2		创新意识	15				

(续)

序号	检测项目	检测内容及要求	配分	学生自检	学生互检	教师检测	得分
3	技能水平	绘图规范	35				
4		图文排版	15				
5	能力水平	设计合理	30				
	综合评价						

3. 任务反馈

请将任务实施过程中的建模、绘图、标准件选用等方面的成功与不足之处记录下来，填入表 2-44，并进行原因分析，提出教学的改进建议。

表 2-44 任务实施反馈表

序号	任务实施成功（或不足）之处	原因分析	改进建议

思考与练习

1. 夹具由哪些元件组成？
2. 什么是随行夹具？
3. 常用的定位元件（方法）有哪些？
4. 常用的夹紧元件（方法）有哪些？
5. 什么是欠定位？什么是过定位？各有什么问题？

项 目 小 结

通过本项目的实施，学生理解了小型制冷装置制造型企业内工艺技术工作的内容，它们主要涉及：

1）外购物料的进货检验，以避免对产品质量造成影响甚至无法装配。
2）自制件设计图样的工艺审查，以免设计人员的图样不符合工艺要求而无法制造。
3）自制件的工序卡编制，使自制件的生产过程规范、高效。
4）总装工艺设计，对产品总装工艺进行设计，保证总装的生产高质量、高效率。
5）夹具设计是对现有的生产工艺过程进行技术改进的有效而且常用的手段。

掌握常用材料的牌号规则、性能、用途是工艺人员进行技术交流、理解工艺实施的基础。

生产现场的技术问题往往是综合的、多学科的问题，因此从事工艺技术要有宽阔的技术视野，本项目中各个任务的知识拓展部分也应仔细学习。

通过本项目的理论学习及能力培养之后，学生应能够从事小型制冷装置的工艺技术工作。

项目三
小型制冷装置的样机试制

样机试制是新产品开发过程中的一项阶段性工作，是设计人员在完成初步设计之后，由工艺人员对样机进行的尝试性制造，以此来验证设计是否正确、图样是否完备、工艺性是否良好。只有经过试制验证的设计，才是完善的设计，才有可能形成批量生产的能力。进行本项目的学习，旨在运用之前所学到的工艺分析与设计的能力，训练样机试制过程中所涉及的零、部件部装（以焊接为主）以及总装技能。

> ❄ **学习目标**
> ➤ 了解新产品开发的几个阶段。
> ➤ 掌握样机试制阶段的工作目的与内容。
> ➤ 会根据产品设计图样进行工艺设计和编制相关工艺文件。
> ➤ 能进行试制过程中管道件、阀门件的自制加工以及部件（焊接）装配。
> ➤ 能进行试制样机的总装，会实际操作生产流水线。

任务一　自制零部件

任务描述

本任务针对型号扩展或改进型的产品设计，按设计要求加工自制零件（以管道件为例）。为完成本任务，学生首先应做以下工作。

1) 自备管道件的设计图样，也可自行设计、绘制管道图（在设计绘图时，需了解弯管的模具结构及模具规格）。

2) 编制工艺文件（此处仅编工序卡）。值得注意的是，工艺文件的编制过程往往是工艺技术人员边编写、边实操、再修改完善的过程，因此熟练地动手实操设备是工艺技术人员的必备能力。

3) 按图样和工艺文件实操加工/焊接管道。

知识目标

➤ 了解生产的类型。
➤ 了解弯管机、焊接设备的工作原理。

> 掌握管道件的生产工艺。
> 掌握三维绘图方法。

能力目标

> 能根据已有的零部件，配置产品其余的零部件（管道件为主，少量海绵件），并绘制相应的三维图。
> 能根据三维图，实操自制零件（以管道件为主：弯管、胀管），进行零件的部装（主要是焊接）。

知识准备

完成本任务所需掌握的知识主要是设备的操作，这部分知识主要是针对实训室的设备及配备条件，灵活选取教学内容。本任务所选的是简便的、小型的弯管机及胀管机。而物料的组织、工艺文件的编制则是了解性内容，用于增强对规范制造生产的认识。

知识点一 试制准备

一、试制零部件的物料组织

在新产品试制过程中进行工艺准备时，应根据工艺可行性、外协配套能力以及批量供货价格（考虑批量生产时供货）等综合因素，将所需的零部件划分成自制件和外协件。自制件的生产过程由本企业完成，外协件由配套厂商完成。作为工艺人员，对于外协件，要及时沟通、跟踪外协厂商的生产过程，协助外协厂商的工艺人员、物流人员完成外协件的按时、按量、按质的供货；对于自制件，需与车间工人密切沟通，商量自制件的工艺流程，对于关键件，有时还需制订指导工人加工、检验操作的工序卡，有时甚至还需设计专用的工装夹具来加工相关自制件。在自制件加工过程中，还需关注加工工艺是否可进一步优化，以及加工过程中的工艺问题处理。对于没有专门试制车间的企业而言，自制件的小批量（或单件）试制过程往往是由流水线上的工人及设备在闲余时间来完成的，因此时间、进度的不确定性很大，需工艺人员特别注意。

二、工艺文件的编制

试制阶段的工艺文件主要是工艺流程，对于关键零件或涉及全新工艺的零件，还需要工序卡。

工序卡只是单个工序的操作过程的技术规定性文件，而对于零件（或部件），整个生产过程所有工序按顺序进行规范，就形成了工艺流程。

编制工艺文件是为了实现由单件生产向小批量生产过渡而必需的工艺准备工作，将单件生产的实操过程按工艺规范要求编制成工序卡，再利用工艺文件指导工人进行小批量的生产。而工人利用工艺文件进行小批量的生产过程，反过来又检验了工艺文件编制是否科学合理。只有经过验证之后，工艺文件才会完善，符合生产实际需要，产品才具有批量生产的条件［批量生产的条件包括人员培训、设备/工装的购置/设计、物料组织入库以及工艺信息系统（如 MRP 系统的 BOM 数据等）更新完善。工艺文件的编制只是批量生产的条件之一］。

知识点二　加工设备简介

一、手动弯管机

本任务所要弯的管道是指现有产品里没有但目标产品里有的管道,并按管道大小、工艺要求进行拆分。

弯管的操作步骤如下:

1) 弯管前,先确定好限位块的位置(此位置在批量生产时须试弯确定)。
2) 进料。注意:管道须是直管,如平直度不符合要求,则进料不畅(即管道难以套入芯棒);一般须在管道内涂少许润滑油,也可以涂抹在芯棒上。
3) 使夹块手柄紧压管道,弯管至所需角度。
4) 松开夹块,退料(如需进行下一弯位弯管时,进行以下步骤)。
5) 退料至所需位置时,按规定旋转相应角度。
6) 用夹块手柄再紧压管道,再弯管。
7) 重复步骤4)~步骤6)。
8) 弯管结束后,退料。

手动弯管机操作可通过微知库 App 扫右侧二维码观看。

手动弯管机操作

二、数控弯管机

1. 技术参数

现在随着人工成本的上涨以及数控弯管机的普及和价格的下降,许多中小企业也开始采用数控弯管机,同时数控弯管机具有力矩大、精度高的优点。数控弯管机操作可通过微知库 App 扫右侧二维码观看。

数控弯管机操作

数控弯管机的主要技术参数:

最大弯管直径:$\phi 19\text{mm}$;

弯管最大壁厚:1.0mm;

最大弯曲半径:60mm;

弯曲角度:0°~190°;

最大送料长度:750mm;

空间旋转角度:360°;

送料速度:1m/s;

旋转速度:180°/s;

弯曲速度:180°/s;

执行动力源:气动;

弯曲轴、旋转轴、送料轴重复定位精度:±0.5°。

2. 数控弯管机入门操作

数控弯管机入门操作如图3-1所示。

三、气动胀管机的实操

气动胀管机的形式有多种:第一种是先将管道套到胀头上,然后随着胀杆的运行,使胀

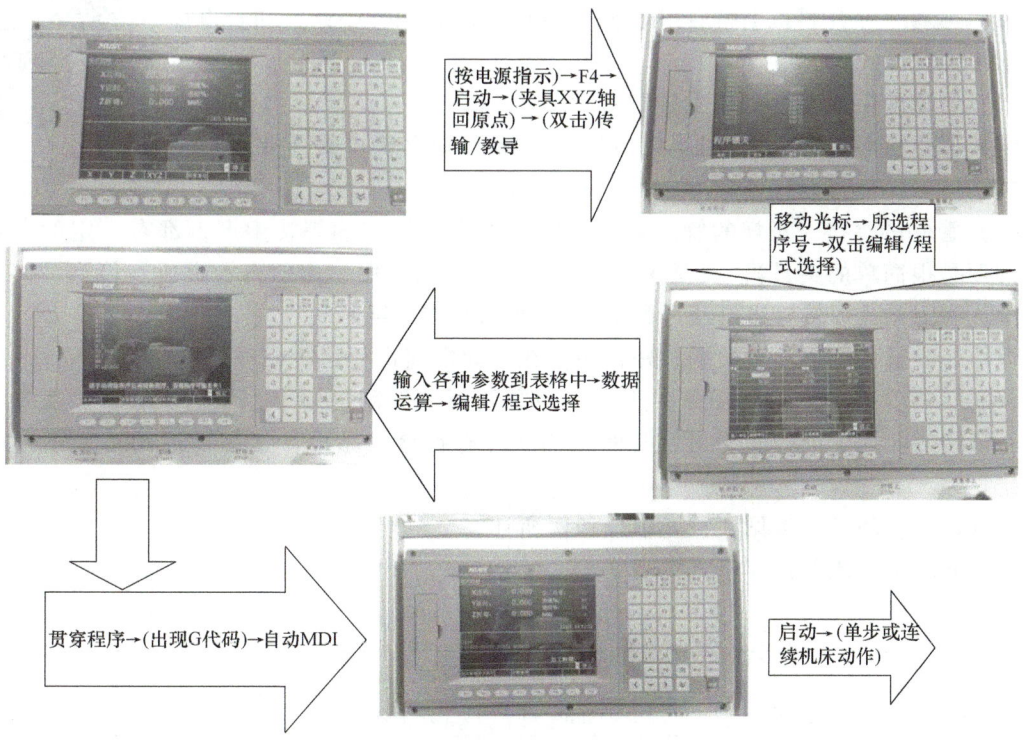

图 3-1 数控弯管机入门操作

头变大,从而将管道胀大,胀杆回缩,胀头变小,取料完成一次加工;第二种是将管道置于机器某一卡口位置,将胀头推入管道内,将管道胀大;第三种是使胀头高速旋转,与管道高速摩擦产生热量,使管口变软,胀头再推入,完成胀管。下面以第二种胀管机的工艺为例,讲解其实际操作步骤。

1)将铜管放入模具内,起动模具开关,将管道夹紧。
2)起动胀头运行开关,气动气缸带动胀头运行,胀头被推入铜管,管径胀大。
3)胀头开关换向,胀头回缩。
4)模具开关换向,模具打开,取件,完成一次加工。

第一种气动胀管机的操作可通过微知库 APP 扫右侧二维码观看。

任务实施、评分与反馈

1. 任务实施

(1) 课前准备 同学们应根据现有产品进行目标产品的改进设计,利用已有的部分零部件,设计目标产品的结构,并绘制相应的三维图(主要工作是根据所选压缩机、换热器、风机、电控安装方式等所确定的部分结构与安装位置,设计其他的零部件,主要是管阀件),并完成弯管、焊接工序卡的编制,以及管道(如果需焊接,则是管道组件)的工艺流程图绘制。本任务中的操作需按照课前准备的工艺文件来进行。

气动胀管机操作

注：需提前三周布置此任务，学生在课外自行完成。

（2）下料　在开料机上按管道长度（需根据图样进行概算）和管道规格进行开料。

（3）管道弯制　在弯管机上进行弯管。

（4）胀口/缩口　在胀管机上完成胀管（部分管道端口是需要进行胀口/缩口的）。

（5）管件的焊接　正规的管道焊接，以及管道与阀门的焊接生产，都有一定的夹具辅助（即便是很简单的夹具）。夹具主要起定位、夹紧的作用，用于将管道放置稳当，并调整好方位。利用夹具焊接管道可通过微知库APP扫右侧二维码观看。

利用夹具焊接管道

焊接好的管件应用转运架搁架好，用于在车间之间进行运输或短时贮存。

（6）工序文件的完善　任务实施时，同学们可边编制工序卡、工艺流程，边实操，边完善，最终使实操生产的实物与编制的工艺文件都符合产品设计（即前述的三维图）的要求为止。

弯管、焊接的工序卡见项目二中任务四所述。

本任务的工艺流程推荐格式见表3-1。

表3-1　工艺流程推荐格式

管道的加工工艺流程						
序号	工序名称	加工所用零件	工艺规范	工序卡编号	设备	加工后
1	开料	卷料铜管	将盘卷铜管装入开料机，开料	AA001	开料机	$\phi 9.52mm \times 0.45mm$ $L = 636mm$
2	弯管	$\phi 9.52mm \times 0.45mm$ $L = 636mm$	调整好限位块，弯管	AA002	手动弯管机	$\phi 9.52mm \times 0.45mm$ $L = 642mm$，弯角为90°
……	……	……	……	……	……	……

2. 检测评分

将任务完成情况的检测与评分填入表3-2中。

表3-2　任务实施检测评分表

序号	检测项目	检测内容及要求	配分	学生自检	学生互检	教师检测	得分
1	职业素养	文明礼仪	5				
2		工作态度	5				
3	技能水平	弯管设备实操	20				
4		焊接实操	10				
5	能力水平	工艺设计水平	50				
6	清洁整理	器具归还、场地整理	10				

3. 任务反馈

请将管道设计绘图、工序卡编制、实操弯管、焊接中的经验与教训写下来，填入表3-3，供师生共同提高。

表 3-3　任务实施反馈表

序号	任务实施成功(或不足)之处	原因分析	改进建议

思考与练习

1. 试制阶段如何进行物料组织？
2. 试制阶段需编制的工艺文件有哪些？

任务二　试制总装

任务描述

本任务要求利用生产流水线，按总装工艺设计装配样机。总装是生产的关键，因为绝大多数企业的生产过程最终都是通过总装形成产品的。本任务是在准备了一定物料的情况下，由学生在生产线上，利用批量生产的工艺和设备，总装样机。

知识目标

> 掌握产品的装配过程。
> 掌握生产流水线设备的工作原理。

能力目标

> 能根据产品结构进行总装工艺设计（物料清单、工艺流程）。
> 能操作制冷产品总装流水线相关设备。
> 能在生产线上装配制冷产品。

知识准备

本任务的关键是流水线设备的操作，因此在试制产品之前，学生应掌握流水线设备的操作技能。小型制冷装置流水线一般是大同小异的，主要由物料输送线、焊接设备、气动螺钉旋具（扳手）、吊送设备、抽真空设备、制冷剂充注机、电子检漏仪、电气安全检测仪、商检房、打包机等组成。

知识点　装配流水线及其设备

一、流水线

流水线生产，又叫流水生产或流水作业，是指劳动对象按一定的工艺路线和统一的生产速度，连续不断地通过各个工作地，按顺序地进行加工并生产出产品的一种生产组织形式，是劳动分工较细、生产率较高的一种生产组织形式。

典型流水线生产的特点：流水线上固定生产一种或少数几种产品（零件），其生产过程是连续的；流水线上各个工作地是按照产品工艺过程的顺序排列的，每个工作地只固定完成一道或少数几道工序，专业化程度较高；流水线按照统一的节拍进行生产（所谓节拍，就是流水线上前后生产两件相同产品之间的时间间隔）；流水线上各个工作地的生产能力是平衡的、成比例的，各道工序的单件加工时间等于节拍或节拍的倍数；流水线设有专门的传送装置，产品按单向运输路线移动。

组织流水线生产需要的条件：产品品种稳定，是社会上长期需要的产品；产品结构先进、设计定型，产品是标准化的，并具有良好的结构工艺性；原材料、协作件是标准的、规格化的，并能按时供应；机器设备能经常处于完好状态，实行计划预修制度；各生产环节的工作能稳定地达到工作质量标准，产品检验能随生产在流水线上进行。

流水线生产的主要优点是能使产品的生产过程较好地符合连续性、平行性、比例性以及均衡性的要求。它的生产率高，能及时地提供市场大量需求的产品。

流水线按加工对象分为单一对象流水线和多对象流水线。

流水线按连续程度分为连续流水线（每一个工序不等候，不停顿）和间断流水线（个别工序有停顿，不连续移动）。

流水线按节拍分为强制节拍流水线、自由节拍流水线和粗略节拍流水线。

流水线按机械化程度分为手工流水线、机械化流水线和自动流水线。

流水线的平面布置要兼顾的因素：工人便于操作；空间/面积的充分利用；物料的输送快捷。流水线平面布置形式如图3-2所示。

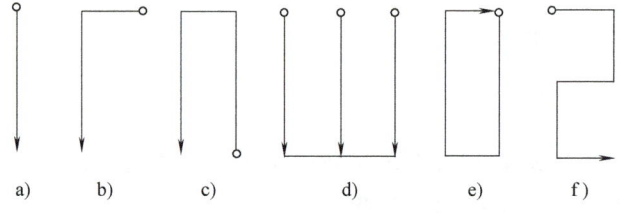

图3-2　流水线平面布置形式

二、流水线的设备

流水线的设备按用途分为传动输送设备、装配工艺设备和装配检测设备。

1. 传动输送设备

传动输送设备包括传动装置（如电动机、减速器、传动链条）、输送装置（如链轮、工装板、传动带、链板、滚筒、万向球）和输送控制设备（如压缩空气处理设备、压缩空气管路、气动元件）。

（1）传动装置　电动机一般采用三相异步电动机，同时电动机内置了减速装置，使电动机输出轴转速降低，轴上配上链齿，用来驱动链条运动，链条再将动力通过一系列传动装置传递给输送装置。电动机的转速可通过变频器进行调节控制。

（2）输送装置　目前，家电产品流水线输送装置可采用传动带输送线、差速链输送线、链板输送线、滚筒输送线、万向球输送线等方式。

小型制冷产品的总装线输送装置较多采用差速链方式，如图3-3所示，它除了链条的直线运动外，还有链轮的转动，而工装板的运动速度则是链条直线运动与链轮转动的叠加，故工装板速度可以大于链条运行速度，也可以小于链条运行速度，甚至可以在工装板停止的情况下仍然正常运行，这一特殊性能是别的设备所没有的。所以差速链被广泛应用于各种装配流水线，包括彩电、电冰箱、洗衣机、空调器、彩色显示器、计算机主机装配等方面。

差速链轮上放置工装板，用于在各工位之间移送待装产品/物料。工装板材料可以是金属、工程塑料、木材等。

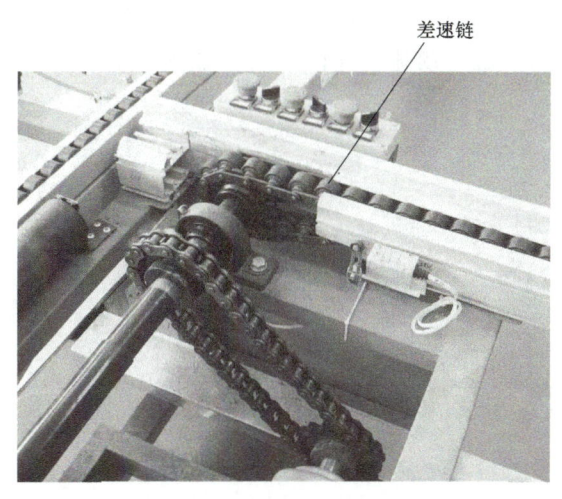

图3-3　差速链

对于重量轻的小件物品装配，如电路板、电控盒、食品等，可采用传动带输送线（一般是PVC）的方式进行输送，如图3-4所示，物料直接放于传动带上；对于重量较重的物品装配，可采用链板输送线（图3-5）进行输送，而滚筒输送线和万向球输送线（图3-6）则适用于线体转弯、线体过渡以及手动推送的场合。

图3-4　传动带输送线

图3-5　链板输送线

待装零部件的输送可采用两种方式：一种是利用人力将零部件等总装物料搬运至各装配工位，工人装配时从身旁取料装到整机上面；另一种是利用悬挂输送方式，在工位的后方或工人的头顶上将待装零件悬挂起来，并依次循环流转（图3-7），工人从挂钩上取下本工位需要的零件即可。后一种方式物料输送更快，有利于总装效率的提高。

（3）输送控制设备　在流水线的物料或产品的输送过程中，物料的起动、停止、转位、移位、顶升等需有相应的控制执行元器件。目前上述过程的控制执行元器件主要是通过气动方式实现的。

首先是气动元件。气缸是常见的气动元件，有单作用气缸和双作用气缸。单作用气缸仅在缸盖一端输入压缩空气使活塞杆伸出（或缩回），另一端靠弹簧力、自重或其他外力使活塞杆恢复到初始位置如图3-8所示；而双作用气缸则应用最广泛，两端都可进气、排气，活塞伸出和缩回都需压缩空气推动，如图3-9所示。为使气缸运动速度平稳可靠，常用节流阀来对气缸运动速度加以控制，如图3-10所示。

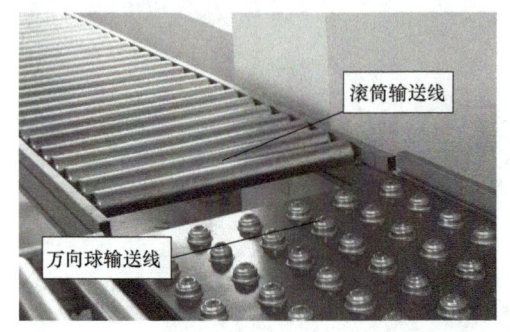

图3-6 滚筒输送线与万向球输送线

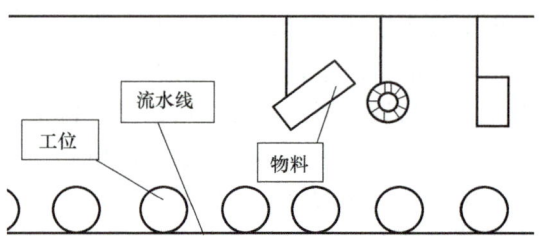

图3-7 悬挂物料输送线

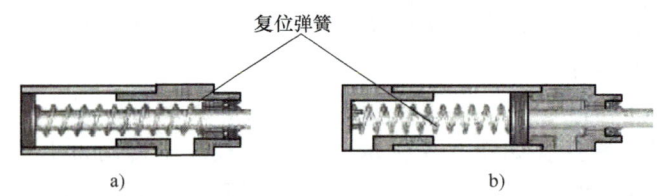

图3-8 单作用气缸

a) 预缩型气缸 b) 预伸型气缸

其次是电磁阀。电磁阀是用来控制气体流动通断或改变气流方向的元件，如图3-11所示。

然后是各种接近开关。各种接近开关则在生产线上用来自动判定物料或工装板是否到达某个位置，并由此输出控制信号或接通电路（产生相应动作）。目前采用的接近开关有磁性开关（图3-12）、电感式开关（图3-13）和光电开关等。

为了保证压缩空气具有良好的工作特性，须对压缩空气进行处理。压缩空气的处理设备有过滤器、调压器和油雾器。从空气压缩机出来的压缩空气，含有水分、油分及粉尘，须进行过滤；为保证气路压力的稳定，减少气源压力变化/阀门开关时气压的波动，采用减压阀来稳定并调节气压；气动机械（气缸、电磁阀）的运动须有效润滑，将油雾化后随压缩机空气一起输送，而油雾器即是雾化润滑油并将油雾注入压缩空

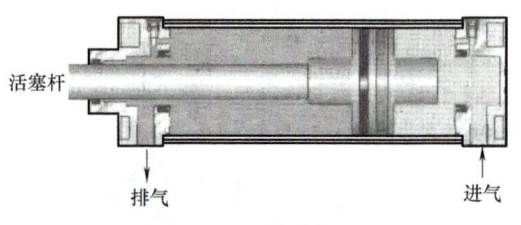

图3-9 双作用气缸

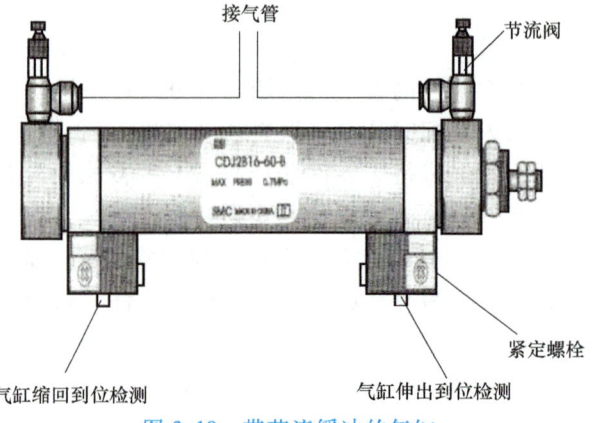

图3-10 带节流缓冲的气缸

气的装置。过滤器、减压阀、油雾器有时组装成一体,称为气源处理装置,如图3-14所示。

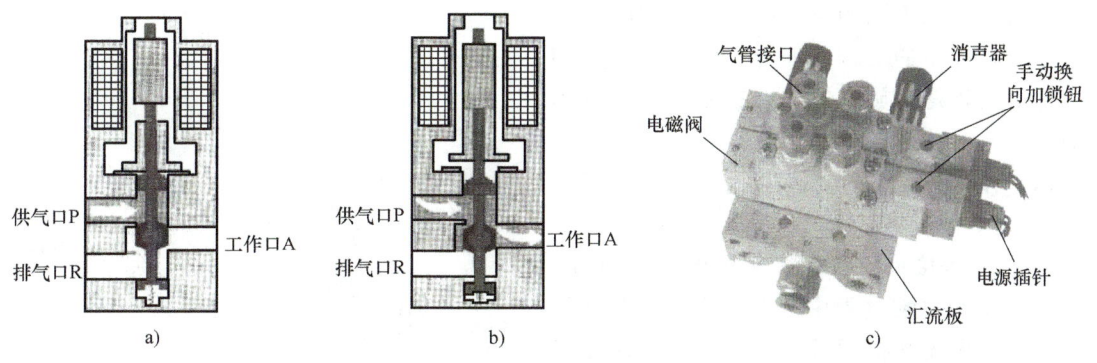

图 3-11 电磁阀的工作原理及实物
a) 非通电时的工作示意 b) 通电时的工作示意 c) 实物

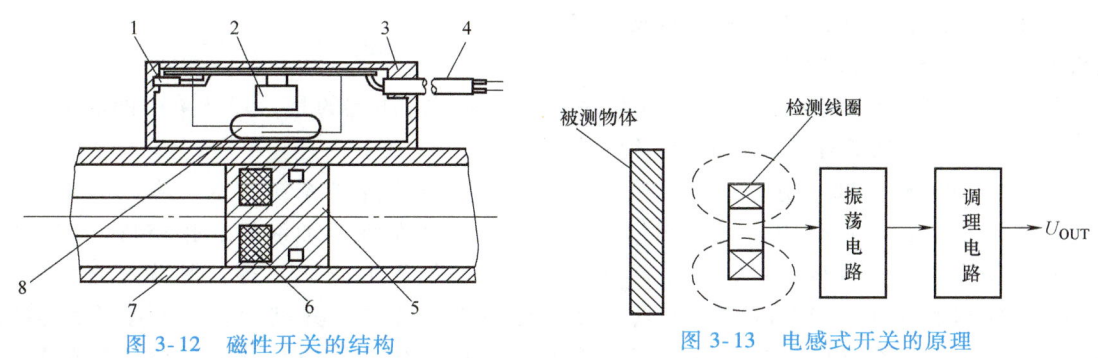

图 3-12 磁性开关的结构
1—动作指示灯 2—保护电路 3—开关外壳 4—导线
5—活塞 6—磁环(永久磁铁) 7—缸筒 8—舌簧开关

图 3-13 电感式开关的原理

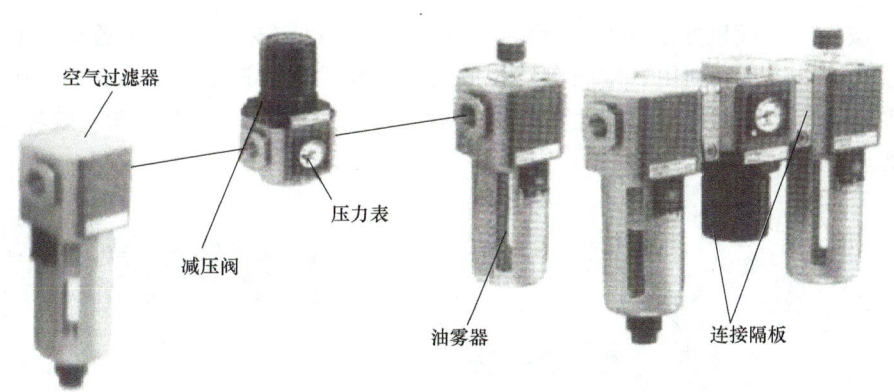

图 3-14 气源处理装置

2. 装配工艺设备

装配工艺设备根据装配对象的不同进行配备,对于制冷类产品的总装,一般有风动螺钉旋具、风动扳手、钎焊设备、真空泵、制冷剂充注机、打包机以及其他设备(如移载机)。

(1) 气动螺钉旋具、气动扳手 气动螺钉旋具利用压缩空气驱动叶轮旋转,并通过离合器和减速器带动螺钉旋具套旋转，刀套内可根据需要装入不同的螺钉旋具头，如图 3-15 所示。气动扳手的工作原理与气动螺钉旋具相同。部分气动螺钉旋具及气动扳手可设定拧紧力矩。

（2）钎焊设备　总装时，进行管道的焊接。

（3）快速接头　快速接头如图 3-16 所示。在制冷产品的总装过程中，需抽真空、充注制冷剂，有时还需联机运行，采用快速接头是常用的方法。快速接头是靠内部的弹簧弹力作用自行将接头密封的，在连接时，两接头的顶针相互挤压，将密封弹簧顶开，从而形成通道，接头拆开后，两接头自动密封。

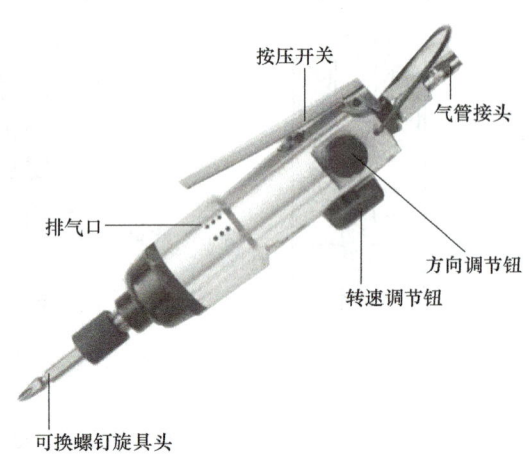

图 3-15　气动螺钉旋具

（4）真空泵　制冷系统需抽真空以确保制冷性能。需注意的是，真空泵中的润滑油需与后续充注的制冷剂具有良好的化学相容性。

（5）制冷剂充注机　制冷剂充注机一般由真空系统和加液系统构成。真空系统有真空泵、抽真空管道、真空阀、真空测量装置等，而加液系统有加液管、排空阀、加液接头、压力检测装置、计量装置、蓄能器（缓冲压缩空气压力波动）等。制冷剂充注机一般具有真空检测功能，当制冷剂系统真空度不够时不予充注，并利用自身真空系统辅以抽真空；当真空度合格时，在压缩空气（有时还需在压缩空气的基础上再增压）的作用下，将制冷剂充入制冷系统，利用计量装置对充注量进行计算，当达到设定充注量时，会自动停止充注。

（6）移载机　移载机如图 3-17 所示。将总装后的成品（未包装）移送到其他位置，有时会采用移载机。移载机利用真空吸盘压在成品的表面，并抽真空使产品表面与吸盘形成真空，从而将成品吸住进行移运，到达目的位置后，向吸盘内通入少量空气，破坏盘内真空，使成品卸落。

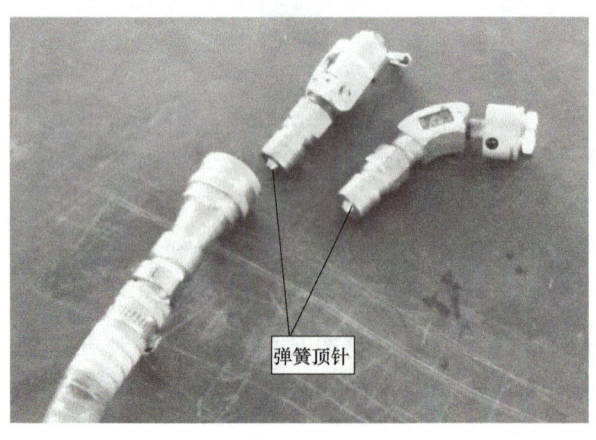

图 3-16　快速接头

图 3-17　移载机

(7) 打包机　产品装配完成后，需进行包装。小型产品一般采用包装泡沫外套纸箱，再用打包带（可采用 PP 材料）将纸箱捆扎住。捆扎时，将捆结位置的打包带加热熔化后相互粘接成结，然后再将打包带与带盘切断。

3. 装配检测装备

装配检测设备也需根据装配对象的不同进行配备，制冷类产品需有电子检漏仪、电气安全检测仪、出厂制冷性能测试工装以及出厂常规使用性能测试工装。

（1）电子检漏仪　制冷产品充注制冷剂后，需对制冷系统进行检漏。电子检漏仪利用探头将周围气体吸入，当吸入气体中含有制冷剂时，探头将输出信号，送入仪器，引起报警。工作时，应确保探头有气体吸入（面板上一般有吸气浮标指示气体吸入量的多少），环境温度一般低于 40℃。

电子检漏仪示意如图 3-18 所示。检漏时，应手持探头在距漏点 3~6mm 处以 2cm/s 的速度移动，探头对气体清洁度、制冷剂浓度极敏感，气体脏污、制冷剂过多易造成探头失效，故应在清洁的正压房间里使用。部分探头采用半导体传感器，易老化，应校验和及时更换。

（2）电气安全检测仪　电气安全检测仪主要是检测电气强度、绝缘电阻、泄漏电流和接地电阻的。现在大多数采用四合一的检测仪，并具有报警功能（当检测不合格时）。如图 3-19 所示，测试时将被测机插头插入测试插座，由测试仪向被测机提供所需测试项目的电源，用测试钳夹住被测机金属外壳或金属外露物，进行测试。

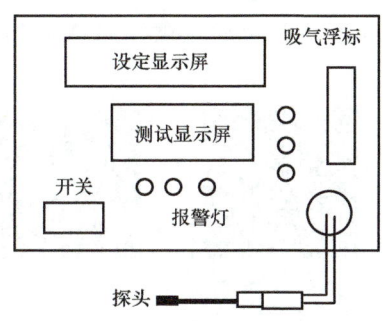

图 3-18　电子检漏仪示意

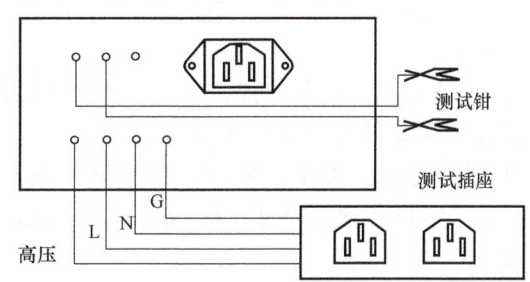

图 3-19　电气安全检测仪示意

（3）其他检测工装　出厂制冷性能测试工装与出厂常规使用性能测试工装一般由企业自行设计（或是生产线制造商配套设计）而成，但也大同小异，如针对电冰箱会进行数小时的运行，检测冷冻室/冷藏室的温度是否符合要求；针对分体空调器，会将室外机（产品）与室内机（测试工装用机）联机运行、根据其电流、进出风温差、制冷系统压力等进行综合判断；针对热泵热水机，则将主机与水箱联机运行，根据水温上升速度（或水流量、进出水温）来进行判别，图 3-20 和图 3-21 所示是家用热泵热水机的测试法。另外，针对带

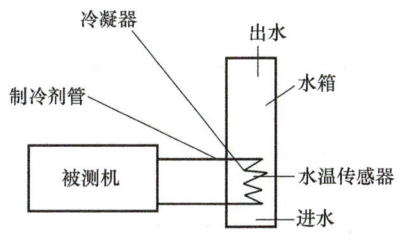

图 3-20　热泵热水机静态测试法

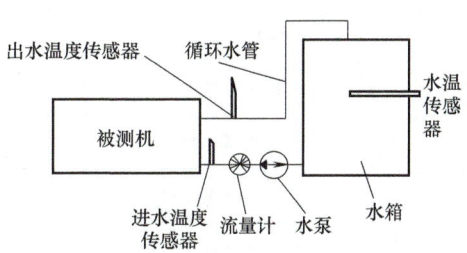

图 3-21　热泵热水机循环测试法

无线遥控或线控的产品，还需测试其控制动作是否正常，遥控信号是否正常接收等。

任务实施、评分与反馈

1. 任务实施

1）以下工作在本项目任务一中已完成。

① 样机测绘（课前完成）：将现有产品的主要零部件尺寸（以底盘为基准，对压缩机接管口、冷凝器接管口、截止阀接管口）进行测绘（三维）。

② 自制件设计：自行设计各管道件和标贴件，使之与压缩机、冷凝器、截止阀实现连接（零件图、部件图）。

生产线实操视频（1）

③ 自制件的工序卡编制。

④ 自制件的加工与部装。

2）以下工作是本次任务需完成的。

① 总装工艺设计。对照本项目任务一所形成的零部件，设计总装工艺，主要是编制总装物料清单、编写总装工艺流程，并完善部件装配，以及将零部件入库存放。

生产线实操视频（2）

② 对总装流水线的设备进行实操练习（风动螺钉旋具、钎焊设备、真空泵、充注机、检漏仪、安规检测仪、商检房）。生产线实操视频可通过微知库 App 扫右侧二维码观看。

③ 按总装工艺流程实操总装小型制冷装置（家用空调器室外机或热泵热水器主机）。

生产线实操视频（3） 生产线实操视频（4）

④ 实操记录。按生产要求，记录必要信息，填入表3-4（工序操作者、主要检验数据、有无返修等），并上交。

2. 检测评分

将任务完成情况的检测与评分填入表3-5中。

表3-4 关键工序记录

关键工序名称	质量点	记录	操作者
抽真空	真空度/Pa		
充注	充注量/g		
检漏	是否报警		
	泄漏量(g/年)		
电气安全检测	是否报警		
	绝缘电阻/MΩ		
	泄漏电流/mA		
	接地电阻/Ω		

(续)

关键工序名称	质量点		记录	操作者
商检	制冷运行			
		压力/MPa		
		功率/W		
		出风温度/℃		
	制热运行			
		压力/MPa		
		功率/W		
		出风温度 ℃		
成品外观	有否污点、变形			
	有否异味、破损			
	标识是否齐全			
	装箱配件是否齐全			

表 3-5 任务实施考核表

序号	检测项目	检测内容及要求	配分	学生自检	学生互检	教师检测	得分
1	职业素养	文明礼仪	5				
2		工作态度	5				
3	技能水平	生产线实操	15				
4		总装实操	15				
5	能力水平	工艺设计水平	50				
6	清洁整理	器具归还、场地整理	10				
综合评价							

3. 任务反馈

请将样机试制总装中的经验与教训写下来,填入表 3-6,尤其是焊接、抽真空、充注、检漏、商检等实操时遇到的各类问题。

表 3-6 任务实施反馈表

序号	任务实施成功(或不足)之处	原因分析	改进建议

思考与练习

1. 简述流水线生产的特点。

2. 简述流水线生产的条件。
3. 什么叫气源处理装置？
4. 流水线的输送装置有哪些？
5. 流水线的输送控制装置有哪些？
6. 小型制冷装置的装配工艺设备有哪些？

项 目 小 结

通过本项目的学习，学生将主要掌握小型制冷装置生产过程中的管件加工与焊接、产品的总装方法，对规范化制造生产的各项工作，如零件工艺制订、加工、部装（如管道焊接）、产品总装形成必要的认识与理解，尤其是总装过程中的各种检验项目（如检漏、电气安全检测、商检）会有清晰的认识，明白一台正规的、合格的产品是通过哪些工序来保证的。

素养提升

自主创新，掌握核心科技

核电站一旦发生事故，会造成很严重的影响，因此，反应堆配套制冷设备的技术要求极其严苛，它既要保证核电站可以在特定的温度下持续运转，又要有足够应对突发事件（如台风、地震、停电）的能力，制冷机组寿命应至少保证60年。

在如此高要求下，我国的核电制冷机组从1997年以来基本被韩国LG公司的核电级制冷机组垄断。二十多年间，LG公司已有60多台核电级制冷机组服役于昌江、大亚湾、田湾等核电站。如今，这一格局被我们的民族品牌——格力电器打破了。

早在1998年，格力电器就开始了默默研发的道路。格力电器董事长董明珠一直坚持中国的制造业要想走出去，必须先掌握核心科技的看法，核电机组的研发虽然难度很高，但却非常值得去做。

2020年9月，格力研发的全球第三代核电机型——"龙华一号"通过冷水机组鉴定，达到了国际先进技术水平。国家能源局专家赞叹道：格力自主研发的核电制冷"中国芯"打破了欧美日韩的技术垄断，为核电装备国产化扫清了障碍！

项目四

小型制冷装置的性能测试及优化

在前期项目中已经完成了对小型制冷装置的选型设计,并按照设计选配合适的零配件、按照标准工艺装配了样机。但该样机离成熟产品还有很大一段距离,需要对样机进行性能测试和优化。样机的优化首先要保证性能满足设计要求,然后还需要考虑电气安全和其他因素。本项目将对前期所制作的制冷装置样机进行性能测试,在对测试数据进行分析的基础上制订优化策略并实施。

> **学习目标**
> - 熟悉小型制冷装置性能测试的相关国家标准。
> - 熟悉小型制冷装置的测试装备和环境要求。
> - 掌握小型制冷装置的测试方法。
> - 掌握小型制冷装置测试数据的分析方法和试验报告撰写方法。
> - 掌握小型制冷装置的优化方法。

任务一 小型制冷装置的性能测试

任务描述

本任务的主要内容是对项目三所制作的小型制冷装置样机按照国家标准进行性能测试,然后完成测试数据的整理和分析。相对于前几个项目,本任务的完成需要学习者具有较好的理论功底和测试经验,所以需要学习者更多地在实验室实践后再来完成本任务。

知识目标

- 熟悉小型制冷装置性能测试的国家标准。
- 掌握小型制冷装置的性能测试方法。
- 掌握小型制冷装置测试数据的整理和分析方法。
- 掌握小型制冷装置的性能优化方法。

技能目标

- 掌握在标准焓差房对小型制冷装置进行性能测试的方法。

➢ 熟练使用工具对小型制冷装置样机进行优化改进。

知识准备

对于小型制冷装置的性能测试和优化，首先需要在标准实验室中用标准的检测仪器采集标准工况下的小型制冷装置运行数据，据此对性能进行判断并确定优化措施。因此，测试标准是首先需要掌握的，其次要掌握测试数据的分析方法以及如何制订优化策略。

用微知库 App 扫右侧二维码可查看家用空调器和家用电冰箱的性能测试国家标准。

家用空调器性能测试国家标准

家用电冰箱性能测试国家标准

知识点一　家用空调器的性能测试方法

本项目所述的空调器按 GB/T 7725—2004《房间空气调节器》定义为：一种向密闭空间、房间或区域直接提供经过处理的空气的设备。它主要包括制冷和除湿用的制冷系统以及空气循环和净化装置，还可包括加热和通风装置（它们可被组装在一个箱壳内或被设计成一起使用的组件系统）。这里所介绍的主要是采用空气冷却的冷凝器、全封闭型电动机-压缩机、制冷量在 14000W 以下的空调器。

一、空调器风量检测原理

GB/T 19232—2003《风机盘管机组》的附录 A 规定了风机盘管机组风量、输入功率的检测装置和方法。空气流量检测装置由静压室、流量喷嘴、穿孔板、排气室（包括风机）组成，如图 4-1 所示。检测时要求喷嘴喉部速度必须控制在 15～35m/s。

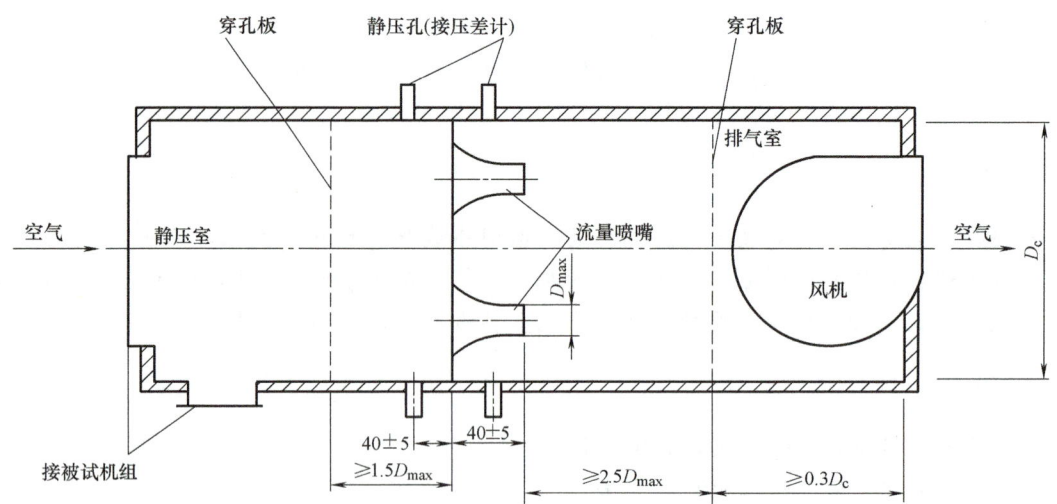

图 4-1　空气流量检测装置

当管内流体通过节流装置（多用喷嘴）时，其流量与节流装置前后的压差有一定的关系，通过测试节流装置前后的压差就可推算出风量。

单个喷嘴的风量计算公式为

$$L_n = CA_n \sqrt{\frac{2\Delta p}{\rho_n}} \qquad (4-1)$$

其中

$$\rho_n = \frac{p_t + B}{287T} \qquad (4-2)$$

式中　L_n——流经每个喷嘴的风量（m³/s）；
　　　C——流量系数，见表4-1，喷嘴喉部直径大于或等于125mm时，可设定$C=0.99$；
　　　A_n——喷嘴面积（m²）；
　　　Δp——喷嘴前后的静压差或喷嘴喉部的动压（Pa）；
　　　ρ_n——喷嘴处空气密度（kg/m³）；
　　　p_t——机组出口空气全压（Pa）；
　　　B——大气压力（Pa）；
　　　T——机组出口热力学温度（K）。

若采用多个喷嘴测量时，机组风量等于各单个喷嘴测量的风量总和L。试验结果按(4-3)式换算为标准空气状态下的风量L_s。

$$L_s = \frac{L\rho_n}{1.2} \qquad (4-3)$$

表4-1　喷嘴流量系数

雷诺数 Re	40000	50000	60000	70000	80000	150000	200000	250000	300000	350000
流量系数 C	0.973	0.977	0.979	0.981	0.983	0.988	0.991	0.993	0.994	0.994
备注	\multicolumn{10}{l}{$Re = \omega D/\nu$　式中　ω——喷嘴喉部速度(m/s)；　ν——空气的运动黏度(m²/s)}									

二、空调器制冷量检测原理

空调器的风量、制冷量、热泵制热量、功率等检验项目可以采用房间型量热计或空气焓差法进行测量。房间型量热计的测试精度更高，但其造价高。空气焓差法的测试装置简单、操作方便、稳定时间短，但由于空气循环量不容易测准，因而误差相对较大，因此通常用于测量冷量较大的机组。空调器开发中的匹配试验和批量生产的抽检多采用空气焓差法进行。

1. 制冷量测试装置

以广东省制冷产品检测站（顺德站）的焓差法实验台为例，介绍空气焓差法检测原理和检测方法。

该试验室按照GB/T 7725—2004制造，能测试1~5匹空冷型窗式、分体式、柜式空调器，风量范围为200~2500m³/min，制冷量范围为1400~15000W，制热量范围为1800~18000W。测试精度：与样机比对≤2.0%（目标值1%），重复性≤1.5%。过渡时间：从室温到常规测试工况稳定过渡时间<1.5h。该实验室有恒温恒湿测试房两个，其中室内侧测试

房约 6500mm（长）×5000mm（宽）×4000mm（高），室外侧测试房约 5000mm（长）×5000mm（宽）×4000mm（高）。该实验室有空气处理设备两套：室内侧 1 套，配置 BIZER 制冷机 3 台；室外侧 1 套，配置 BIZER 制冷机 3 台。该实验室有风量测试装置 1 套，适用于 5 匹以内的空调器室内机。实验室电气设备配置见表 4-2；实验室工况控制方法见表 4-3。

表 4-2　实验室电气设备配置

名　称		规　格　容　量
室内侧	循环风机	双送风多翼离心风机
	制冷机 1 号	BITZER 半封闭压缩机 4 匹
	制冷机 2 号	BITZER 半封闭压缩机 7 匹
	制冷机 3 号	BITZER 半封闭压缩机 7 匹
	电加热器	Ni-Cr 电热丝加热器调功器控制加热功率 42kW
	电加湿器	不锈钢电热管调功器控制加热功率 30kW
	静压调零风机	多翼离心风机
	取样风机	多翼离心风机 2 台
室外侧	循环风机	双送风多翼离心风机
	制冷机 1 号	BITZER 半封闭压缩机 4 匹
	制冷机 2 号	BITZER 半封闭压缩机 8 匹
	制冷机 3 号	BITZER 半封闭压缩机 8 匹
	电加热器	Ni-Cr 电热丝加热器调功器控制加热功率 42kW
	电加湿器	不锈钢电热管调功器控制加热功率 30kW
	取样风机	多翼离心风机 1 台
变频电源	试验机供电电源	3 相 45kV·A

表 4-3　实验室工况控制方法

序号	名　称	调节器	输　入	输　出
1	室内侧干球温度	UT550+RS485	铂电阻温度计 Pt-100	4~20mA 至 SCR 调功器驱动电加热器
2	室内侧湿球温度	UT550+RS485	铂电阻温度计 Pt-100	4~20mA 至 SCR 调功器驱动电加湿器
3	室外侧干球温度	UT550+RS485	铂电阻温度计 Pt-100	4~20mA 至 SCR 调功器驱动电加热器
4	室外侧湿球温度	UT550+RS485	铂电阻温度计 Pt-100	4~20mA 至 SCR 调功器驱动电加湿器
	室外侧相对湿度		湿度传感器 1~5V	
5	室内侧出风静压	UT550+RS485	差压变送器 1~5V	4~20mA 至变频器驱动调零风机

GB/T 7725—2004 规定，进行房间空调器试验时应按气候类型分类选用相应工况进行试验，试验房间应能使工况维持在规定允差内，并且在试验装置周围的空气速度不超过 2.5 m/s。因此该实验室配置了满足测试要求的恒温恒湿室内侧和室外侧测试房间各一个，并且分别在

室内侧和室外侧测试房间配置了空气处理设备，如图4-2所示，图中的室内蒸发器1和室外蒸发器8分别与三台制冷压缩机相连，所组成的焓差测试室制冷系统如图4-3所示。

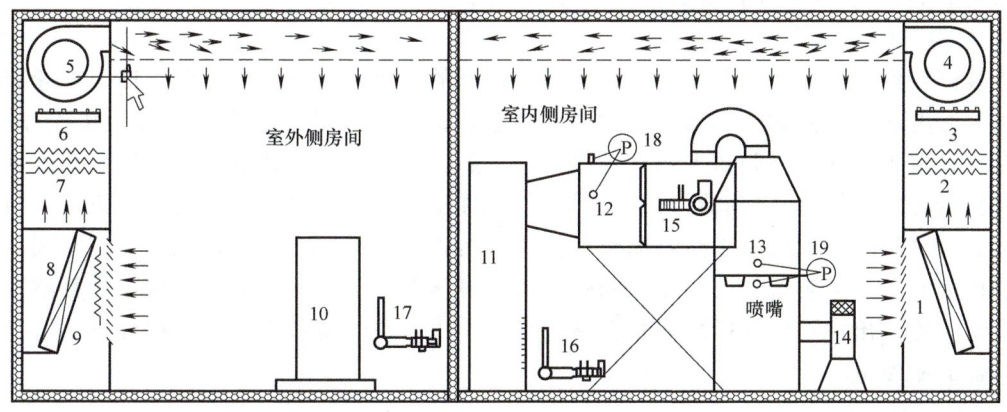

图4-2　焓差测试系统原理

1—室内蒸发器　2—室内加热器　3—室内加湿器　4—室内循环风机　5—室外循环风机
6—室外加湿器　7—室外后加热器　8—室外蒸发器　9—室外前加热器　10—被测空调外机
11—被测空调室内机　12—混合箱　13—风量测量箱　14—调零风机　15—空调出风取样与测量
16—空调内进风取样与测量　17—空调外进风取样与测量　18—空调静压压差计　19—喷嘴压差压差计

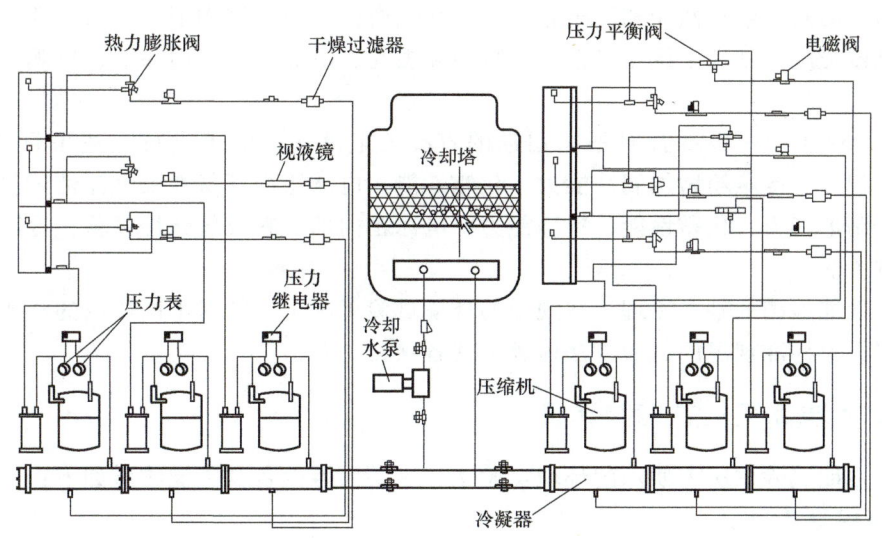

图4-3　焓差测试室制冷系统

调节器的作用是测量并控制室内、外侧空气的干湿球温度。调节器与计算机程序进行连线通信。计算机程序根据数据采集器所采集到的室内、外侧的空气干湿球温度，与设定值进行比较，给出修正值；调节器根据修正值再给出输出功率的百分比，由调功器控制室内、外侧加湿器和加热器输出功率，以达到工况控制的目的。注意：当室外侧工况低于冰点温度时，应改湿球控制方法为湿度控制方法。

压差、大气压力、静压是从流量箱、静压箱、室内侧引出的气管与压力变送器相连接，并通过数据采集仪与计算机连线通信的。计算机程序根据所得数据进行计算，同时给出修正值，由调节器、变频器控制风机转速，以达到静压调零的目的。

2. 焓差法的测试原理

将被测空调器放置在工况实验室内，在空调器的进风、出风口处设置干球、湿球测量装置，然后通电运行被测试空调器，同时运行实验室的空气再处理装置。待实验室干/湿球温度稳定在设定工况并且空调器工作在稳定状态之后，测量被测空调器的循环风量和进风、出风干/湿球温度。由被测空调器进风、出风干/湿球温度计算出被测空调器室内机进、出口空气焓值之差。而风量的测量主要用循环风量测量装置进行，通过调节排风口，使空调器送风口的静压为零，选用合适的喷嘴读取喷嘴前后的静压差，根据有关公式便可以计算空调器的循环风量。测量出空调器的循环风量及室内机进、出口空气焓值之差，通过计算便可得出被测空调器的制冷量。

知识点二　家用电冰箱的性能测试方法

家用电冰箱分为直冷式和风冷式，它们的测试原理和方法差异不大，只是风冷式根据需要要对冷风的流动进行额外测试。所以下面主要介绍直冷式电冰箱的性能测试。

一、家用电冰箱的性能检测原理

一般来说，属于直冷式电冰箱的型式试验检测项目有总有效容积，储藏温度，耗电量，负载温度回升时间，绝热性能和防凝露，门封和气密性，门铰链和把手的耐久性，搁架及类似部件的机械强度，制冷系统密封性能，噪声和振动，电镀件，表面涂层，外观要求，包装试验。

GB/T 8059.1~3—1995 针对不同用途的直冷式电冰箱，除了进行上述项目的试验外，还做了特殊规定：冷藏箱增加制冰能力，化霜性能，电冰箱内部材料及气味性试验；冷藏冷冻箱增加了制冰能力，化霜性能，冷冻能力，电冰箱内部材料及气味性试验；冷冻箱增加了冷冻能力试验。

电冰箱性能检测的基本原理：在规定的环境试验工况下，针对不同用途的电冰箱及间室温度，按照国家标准规定的试验方法检验上述各项目。

二、家用电冰箱的性能检测设备

电冰箱性能试验中所需使用的环境实验室、主要仪器设备及关键物质如下：

1. 环境实验室

总体要求：电冰箱的工作范围通常按其气候类型不同来划分，为了模拟在不同环境温度下电冰箱的制冷性能，首先要求实验室温度范围为 10~43℃；为了减少环境空气流速的影响，实验室内空气流动速度不应大于 0.25m/s；实验室内的环境湿度可以控制，以保证电冰箱整个工作过程中湿度在 45%~75%的范围内；实验室的内部空间应足够大，以满足电冰箱放置隔板的要求，如图4-4所示；实验室应具有良好的保温性能，使实验室在各个规定的环境控制点达到 GB/T 8059.1~3—1995 所要求的波动范围（为±0.5K），垂直的温度梯度要求：在离试验平台2m高的范围内温度梯度不超过 2K/m。

为了完成所要求的各个试验项目，实验室内应在每个试验工位上安放如下附件：涂黑色无光泽的试验平台，三块涂黑色无光泽的垂直隔板，安全可靠的电源插座（稳压、防潮湿）。

电冰箱性能检测环境实验室结构如图4-5所示。该实验室配置了满足测试要求的恒温恒湿环境工况测试房间，在测试房间配置了空气处理设备，包括蒸发器（连接有制冷机组）、加湿器、电热器和循环风机。

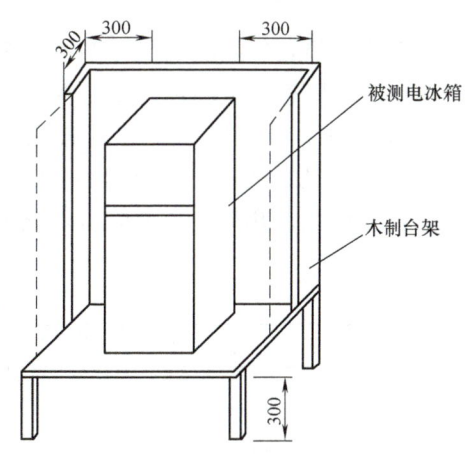

图4-4 被测电冰箱的放置

2. 性能测试用的测量仪器

电冰箱性能试验通常用到的测量仪器主要包括温度测量仪器、湿度测量仪器、电气测量仪器以及其他测量仪器。

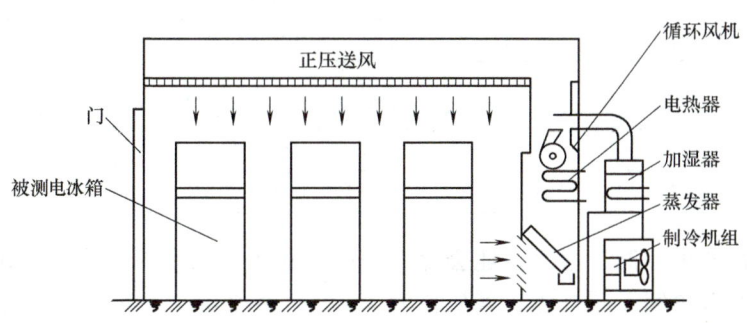

图4-5 电冰箱性能检测环境实验室结构

温度测量仪器：这类仪器是电冰箱性能试验最重要的仪器之一，几乎所有的试验都必须使用。目前实验室用到的测温设备主要是由铂电阻、T型热电偶等测温元件组成的仪器。温度测量点原则上越多越好，对于一台电冰箱的温度点配置最好有近20点，以满足不同间室测温的需求。通常，中等容积的冷冻室配置10个测量点，冷藏室配置3个测量点，其他间室视各自形状及大小进行配置。测量的结果应该能反映电冰箱正常的工作状态：开机、停机、化霜等，并能记录状态变化的瞬时温度值。为了实现这些功能，温度测量仪器可以配上记录仪，通过测量硬件的配置准确测出状态变化时的温度值。

湿度测量仪器：该测量仪器主要读取实验室的湿度，以保证实验室的工况要求。必须注意：测量湿球温度时，应保证纱布充分湿润，每天应检查并根据需要进行更换。

电气参数测量仪器：主要指瓦时表（电能表）、功率表、电流表、电压表等。型式试验用仪器准确度一般为0.5级；出厂检验或其他用途用仪器准确度可为1.0级。电冰箱性能实验室大多配置了电气性能测试装置或单台仪表，能综合测量功率、电压、电流、耗电量（耗能）等。

其他测量仪器：主要有制冷剂检漏仪、噪声测量仪器、振动测试仪等。制冷剂检漏仪的灵敏度选择应能满足年漏量为0.5g的测试。现阶段在电冰箱上应用的制冷剂主要有R12、R134a、R600a以及其他类型的混合工质。

3. 试验中使用的关键物质

当要使用装有负载的电冰箱进行各种性能试验时，应采用具有平行六面体形状的试验包。根据试验用途，试验包通常分为三种：普通试验包（其填充料的冻结点为-1℃，热学性能相当于瘦牛肉，其尺寸及质量见表4-4，成分见表4-5）、冰温室试验包（冻结点为-5℃，其成分见表4-6，但此试验包不在冷冻能力和负载温度回升时间的测试中使用）、M包（又称测量包，几何中心处装有供测温用的感温元件）。试验前试验包应进行冻结，存放在冷冻箱里。

表4-4 普通试验包的尺寸及质量

尺寸规格	质量/g	尺寸规格	质量/g
50mm×50mm×100mm	250	50mm×100mm×200mm	1000
50mm×100mm×100mm	500		

表4-5 1000g普通试验包填充料的成分

羟乙基甲基纤维素	230g	氯化钠	5g
水	764.2g	对氯间甲酚	0.8g

表4-6 测冰温室时所用冻结点为-5℃的1000g试验包的成分

羟乙基甲基纤维素	232g	氯化钠	43g
水	724.2g	对氯间甲酚	0.8g

对电冰箱进行各种性能试验时，还会用到铜质圆柱体。铜质圆柱体是在几何中心处装有供测温用热电偶的镀锡铜质圆柱体，其质量为25g，直径和高度均为15.2mm。

任务实施、评分与反馈

1. 任务实施

1）认真研读家用空调器、电冰箱和热泵热水器的测试国家标准。
2）在焓差室中对测试样机进行测试布置。
3）对焓差室测试工况进行调节，在不同工况下对被测样机进行测试。
4）对测试数据进行整理，完成试验报告。

任务实施一 家用空调器的性能测试

测试目的：能效比是空调器的核心技术指标，对于能效标准的提高，除增加硬件成本投入，采用高效压缩机和优质铜管散热器外，更重要的是掌握先进的制冷系统匹配技术。只有毛细管参数与充注量相互匹配的情况下才能使制冷系统达到最佳工作状态，并使得系统的能效比和制冷量最大。故在系统开发时，应通过试验找出这个最佳匹配，使系统经济、高效运行。

国内外有许多关于毛细管通流能力和制冷剂充注量的研究，但这些算法得出的结果往往误差较大，甚至难以接受。因此，企业研发新产品或进行改型设计无一例外都会运用焓差实验室或热平衡实验室完成匹配试验。因此，本试验的目的就是通过家用空调制冷系统匹配试验，使学生了解毛细管长度和制冷剂充注量对制冷系统性能影响的基本规律，掌握空调器制冷系统匹配试验的基本方法，为将来从事相关工作打下基础。

匹配合理的家用分体空调器制冷系统运行工况参考值如下：

压缩机排气：85~90℃（过高会使得压缩机热保护）；冷凝器中部：45~50℃；冷凝器出口过冷度：8~12℃（使毛细管入口为过冷液体，确保系统稳定运行）；蒸发器中部：9~12℃；蒸发器出口比中部高1~2℃（使蒸发器换热面积得到充分利用的同时又能防止回气带液）。

空调器耗电量检测温度布点

测试方法：可用微知库App扫右侧二维码学习家用空调器的测试操作。

正确安装被测空调器，并在空调器制冷系统如下位置布置8个热电偶：压缩机出口、冷凝器中部、冷凝器出口、节流装置后、蒸发器进口、蒸发器出口、压缩机回气口、压缩机外壳。

空调器检测开关机操作

在额定制冷工况条件下利用焓差实验室测试不同制冷剂充注量和毛细管长度情况下空调器样机的制冷制热性能和制冷系统运行工况，通过分析空调器制冷系统运行工况，找出空调器样机毛细管长度和制冷剂充注量之间的最佳匹配关系，从而匹配出高能效的空调器样机。

采用正交试验法，对空调器样机采用 m 种（一般为3~5种）长度的毛细管，每种长度的毛细管改变 n 次（一般为4~7次）制冷剂充注量，进行 mn 次试验。

为了减少每次因充注制冷剂和更换毛细管对试验带来的系统误差和计量误差，可把原机毛细管取下，制成毛细管组并采用接管螺母连接，每根毛细管各由一个截止阀控制，如图4-6所示。

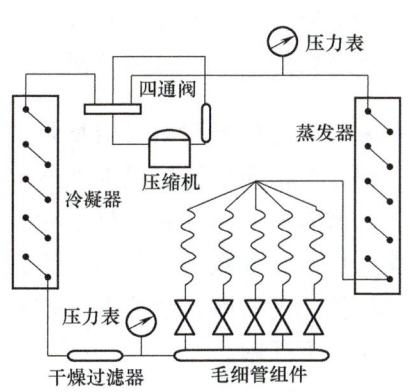

图4-6 试验机制冷系统图

在各工况下对被测样机进行测试，将试验结果记录在表4-7中。

表4-7 家用空调器制冷系统匹配试验报告

样机铭牌：					
被测机型号：___　　制冷量：___W　　风量：___m³/h 功率：___W　　能效比：___　　能源效率等级：___					
试验结果：					
室外干球/湿球温度:35℃/24℃,室内干球/湿球温度:27℃/19℃					
毛细管长度/mm					
充注量/g					
压缩机出口温度/℃					

(续)

冷凝器中部温度/℃		
节流装置后温度/℃		
冷凝器出口温度/℃		
蒸发器进口温度/℃		
蒸发器出口温度/℃		
压缩机回气温度/℃		
压缩机外壳温度/℃		
风量/(m³/h)		
风量增加(%)		
制冷量/W		
制冷量增加率(%)		
功率/W		
功率增加(%)		
能效比/(W/W)		

任务实施二　家用电冰箱的性能测试

测试目的：电冰箱制冷系统设计完成后，即着手进行压缩机-制冷系统匹配，在匹配过程中一般都要调整毛细管长度和制冷剂充注量，而两者恰恰又是制冷系统中难以计算的两个参数。由于电冰箱系统是一个相互影响的系统，两者的变化对电冰箱整体系统的蒸发压力和冷凝压力有直接的影响，进而影响压缩机的性能。

电冰箱的温度布点1

而制冷系统参数变化，会带来诸如冷凝器和蒸发器换热条件、蒸发温度及冷凝温度的变化，这些变化都综合地通过压缩机性能参数的变化反映在电冰箱能耗这一重要指标上。本试验通过测试装配好压缩机的电冰箱的冷凝压力、蒸发压力、压缩机输入功率等参数随时间的变化，探寻毛细管长度和制冷剂充注量对电冰箱整机性能的影响，掌握电冰箱制冷系统匹配的基本方法，为将来从事相关工作打下基础。

电冰箱的温度布点2

试验方法：可用微知库 App 扫右侧二维码了解电冰箱的性能检测操作。

1）将压缩机、一定长度的毛细管与电冰箱冷凝器、蒸发器焊接好，抽真空，充注一定量的制冷剂。

2）按图 4-7 所示布置测温探头和压力表。

电冰箱的温度布点3

3）测试出电冰箱系统压力随时间变化的曲线，以及压缩机输入功率随时间变化的曲线。

4）分别通过调整毛细管长度和制冷剂充注量重复上述试验。

将试验结果记录在表 4-8 中。

电冰箱的温度布点4　　电冰箱的温度布点5

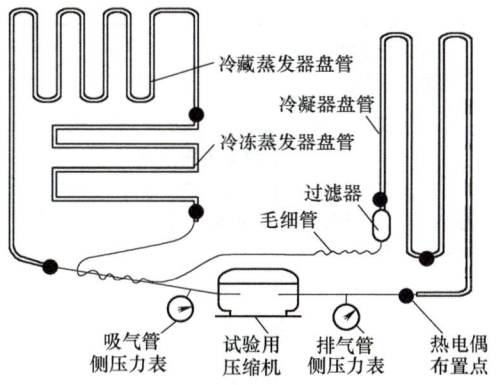

图 4-7　电冰箱制冷系统及测试点布置

表 4-8　双门直冷式电冰箱制冷系统匹配试验报告

被测机型号：_____　　　　　环境干球/湿球温度：_____

毛细管长度 L_1：_____

制冷剂充注量：_____ g　　　　　制冷剂充注量：_____ g

时间记录	冷凝压力/Pa	蒸发压力/Pa	输入功率/W	耗电量/kW·h	时间记录	冷凝压力/Pa	蒸发压力/Pa	输入功率/W	耗电量/kW·h

（续）

被测机型号：_____ 　　　环境干球/湿球温度：_____

毛细管长度 L_1：_____

制冷剂充注量：_____ g					制冷剂充注量：_____ g				
时间记录	冷凝压力/Pa	蒸发压力/Pa	输入功率/W	耗电量/k·Wh	时间记录	冷凝压力/Pa	蒸发压力/Pa	输入功率/W	耗电量/kW·h

2. 检测评分

将任务完成情况的检测与评分填入表 4-9 中。

表 4-9　制冷装置制冷系统匹配试验评分表

序号	检测项目	检测内容及要求	配分	学生自检	学生互检	教师检测	得分
1	职业素养	文明礼仪	5				
2		安全纪律	10				
3		行为习惯	5				
4		工作态度	5				
5		团队合作	5				
6	制冷装置测试操作	样机测试布置	10				
		工况调节	20				
		测试数据采集	20				
7	数据整理和报告撰写	数据整理和分析	10				
8		报告格式	10				
	综合评价						

3. 任务反馈

在任务完成过程中，是否存在表 4-10 中的问题，了解其产生的原因并解决问题。

表 4-10　任务实施反馈表

存在问题	产生原因	解决措施
测试数据有误	样机布置有误	
	测试工况控制有误	
	数据采集和整理有误	

思考与练习

完成下列习题，并用微知库 App 扫右侧二维码完成拓展作业。

1. 现在需要对一台变频柜式空调器进行性能测试，请说明测试标准并画出温度、压力采集点的布置位置。

2. 请说明若你所工作的企业不具备环境温度控制能力，有没有办法在现实环境中较为准确地确定产品的性能参数。

任务一拓展作业

任务二　制冷装置的优化设计

任务描述

在前述的任务中，已经对制冷装置的样机进行了制作和性能测试。但一般情况下，初次制作的样机的性能不可能很好，所以需要结合测试数据在整理分析的基础上不断对装置进行优化，直到满足设计要求。本任务要求对前面项目中完成的制冷装置测试数据进行分析，对样机进行优化设计，并重复测试和优化过程，直到样机达到设计要求。

知识目标

➢ 掌握制冷装置优化匹配的常用方法和措施。
➢ 掌握通过测试→分析→优化→再测试操作，不断优化直到制冷装置的性能达到设计要求的方法。

技能目标

➢ 掌握制冷装置优化匹配后样机的修整和测试方法。

知识准备

对制冷装置进行性能测试后，可对测试数据进行分析，明确存在问题的原因，并据此确定优化方案。下面要学习的就是有哪些措施和手段可以达到使制冷装置性能优化的目的。

知识点一　家用空调器的优化设计

压缩机、换热器、节流装置和制冷剂充注量都会对空调器性能产生很大的影响，在这方面已经有了很多成熟的经验和案例。下面将简单介绍各种优化方法和措施。

一、家用空调器压缩机的优化设计

空调器是由压缩机、蒸发器、冷凝器、毛细管（或节流机构）组成的有机整体，只有匹配恰当，才能使空调器各部件发挥出最佳的效果。正常制冷情况下，压缩机吸入的应是略过热的气态制冷剂，压缩机吸入气体的质量随蒸发压力的升高而增加。

压缩机功率主要受两个因素的影响：制冷剂的质量流量；压缩机前后的压缩比 p_d/p_s。

因此，在试验中，观察压缩机的功率很重要。压缩机功率变化（在压缩比不变的情况下）往往表征了制冷剂流量的变化，而制冷剂流量又受制冷剂充注量的影响。在一定的充注量范围内，制冷剂充注量越大，节流前过冷度越大。制冷剂流量越大。因此，压缩机功率也就反映了制冷剂充注量的多少。一般制冷工况下，压缩机功率应尽量接近压缩机技术手册中的额定功率，功率过高（若冷凝温度正常时），则说明制冷剂充注量过多，而功率过低，则说明制冷剂充注量偏少。

压缩机选型与系统不匹配主要是指压缩机与换热器不匹配，一般有两种情况：
1）人们常说的"小马拉大车"——即小压缩机，大换热器或大风量的情况。
2）"大马拉小车"——即大压缩机，小换热器或小风量的情况。

"小马拉大车"时，整机制冷量不高，但能效比较高；而大马拉小车时，整机能力尚可，但能效比较低。目前，一般高能效比的产品通常是"小马拉大车"的方案；而低成本的产品则是"大马拉小车"的设计方案。实际在设计时，应根据国家标准要求和市场定位来决定采用哪一种方案。

上述中所谓"大马拉小车"的方案中，压缩机只能在一定范围内偏"大"，超过此范围时，会使系统可靠性下降、寿命降低。同理，对"小马拉大车"也有相同的结论。

本部分论述的所谓压缩机的"大""小"，是相对于换热器来讲的；反之，相对于压缩机，则表明了换热器的"小""大"。因此，本书只讲压缩机的选型问题，而换热器的选型问题则不再讲解。

压缩机选型过大时，由于冷凝器散热量相对不足，此时冷凝温度会过高；相反，蒸发器吸热量相对不足，蒸发温度会过低，此时最好的措施是选取规格略小一号的压缩机。对于冷暖空调器，有时过大的压缩机选型会导致室外热交换器制热时结霜，或最大制冷工况时压缩机发生过载保护。

二、家用空调器制冷剂量与毛细管的优化设计

系统制冷剂流量的大小除与充注量有关外，还和毛细管规格有关。在相同制冷剂充注量的情况下，毛细管越细、越长，则流量越小；反之，流量越大。

通常，制冷剂量的调整需与毛细管的调整交替进行。即在一定毛细管长度下将吸排气温度调到合适的情况下，再看节流过冷度是否恰当。如果不恰当，再调毛细管长度，然后在新的毛细管长度下再调制冷剂量，直到两者都满足要求。此时，制冷剂量与毛细管的匹配关系就基本算是最佳了。

三、家用空调器换热器流路的优化设计

在换热面积不变的情况下，设计出科学合理的流路是换热器匹配试验的关键。如前所

述，换热器的流路需综合考虑风速分布、制冷剂流动阻力与换热的因素。图 4-8 所示为某品牌 KFR-50W 机型冷凝器的优化设计过程。优化后的室外热交换器方案，在原换热管的基础上减少了换热管重量的 20%、翅片的重量 30%。

知识点二　家用电冰箱的优化设计

电冰箱的性能不仅表现为制冷性能和效率，还表现为环保特性和噪声水平，以及人性化特性等。所以，电冰箱的优化就表现为多个方面，其中制冷效率即节能特性是其中最关键的方面。近年来噪声逐渐成为另一个关键方面，国家已经对电冰箱的噪声水平提出了明确的要求。因此，本文从节能和降噪两方面对电冰箱的优化设计进行阐述。

据不完全统计，电冰箱的能源效率水平近年来有大幅度提高，平均增长水平在 10% 左右，节能型产品的数量明显增多。全国平均能效水平的大幅度提高，为国家能效标准的修改和顺利出台提供了良好的市场空间。

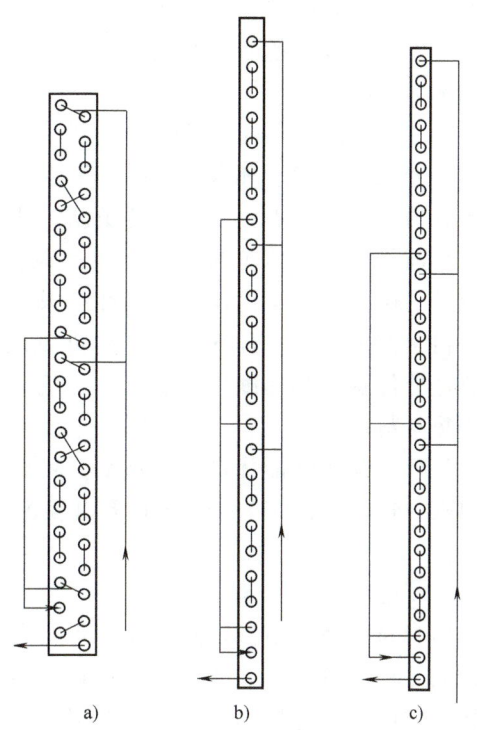

图 4-8　冷凝器的优化设计过程

根据目前的技术研究成果，电冰箱产品普遍采用的节能途径主要有：①使用更高效的压缩机；②提高箱体的绝热性；③提高冷凝器和蒸发器的效率；④增强门封的密封和隔热效果；⑤优化电子控制；⑥选择新型制冷剂；⑦采用高质量的绝热材质；⑧选择先进的制冷循环；⑨进行智能除霜等。

一、使用高效压缩机

目前，国外的著名压缩机公司都致力于开发高效压缩机，以满足消费者对节能型电冰箱的需求，以及一些国家的电冰箱能效标准要求。通常认为高效压缩机是性能系数（COP）大于相同容积往复式压缩机规定值的 1.2 倍或大于相同容积旋转式压缩机规定值的 1.15 倍的压缩机。目前国内高效节能压缩机大致分为三类：第一类 COP 为 1.2~1.45；第二类 COP 为 1.54~1.62；第三类 COP 为 1.78~2.1。

国际先进水平的压缩机 COP 为 1.8 左右，个别厂家已经系列生产 COP 为 2.1 的压缩机，美利冷公司（AMERICOLD）生产的压缩机 COP 一般为 1.6~1.8，北京恩布拉科（与巴西合资）公司生产的部分型号压缩机 COP ≥ 1.6，最高可达 2.2；其他国产高效压缩机（包括 R600a 压缩机在内）COP 基本为 1.4~1.8。

二、隔热措施的改进

1. 加厚隔热发泡层

适当增加箱体厚度可减小单位面积漏热量。对于同一泡沫材料，热导率是确定的，厚度越厚，隔热效果越好；而对于厚度相同的泡沫材料，热导率越小，隔热效果越好。但是隔热层厚度也不是越大越好，而是存在一个最合理的隔热发泡层厚度。隔热发泡层每增加 10mm 的成本为 20~30 元。

2. 采用新型泡沫隔热材料

随着家电节能、环保、降噪等要求的不断提高，现用的许多泡沫塑料已无法满足家电性能提高的要求，急需更高性能的更新换代产品。

目前，用于电冰箱的隔热材料，最普遍的是现场模压发泡的聚氨酯（PU）硬质泡沫。其较好的保温效果、优良的填充性和成型后的骨架作用，被广泛地应用于电冰箱壳体保温。美国科学家发明了一种气凝胶，由硅凝胶（硅和酒精制成）、甲醇、水和少量氨混合而成，绝热性能优良，其密度只比空气大三倍，不会燃烧，不含破坏大气臭氧层，是一种理想的新型绝热材料。

另外，使用性能优良的发泡剂，可以起到较好的绝热效果。目前开发的新型发泡剂主要有 HFC-245fa，是一种高性能的无氯发泡剂。科龙公司还开发了环戊烷-异戊烷混合烃发泡技术。

3. 门封与门胆设计

门封对电冰箱节能所起的作用不可忽视，减小箱体与门体结合处的缝隙，实际上就是减少箱内冷气的外泄量。节能型电冰箱的门封要求封闭严密，有较大的多个气室，有双重密封功能。在门封中外层是磁条和箱壳吸合，内层是气室与内胆挤合，阻断箱壳传热热桥。风冷式电冰箱的门封还有裙边覆盖在门胆边沿上，封闭门封与门胆的缝隙，使冷量不能沿着两者接合面传到箱外。节能型电冰箱的门胆应设计成凹字形，两边突出部位与箱体内胆间形成又长又窄的缝隙，使箱内冷气不能外溢至门封处进行热交换。某节能型门封如图 4-9 所示，图 4-9a 所示是门封结构示意图，图 4-9b 所示是与门体装配后的示意图。

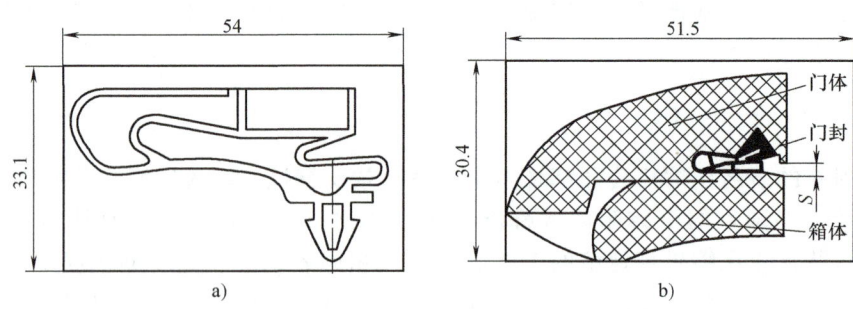

图 4-9 某节能型门封

4. 真空隔热板（Vacuum Panel Insulation，VPI）技术

近几年来，为改进家电绝热材料的性能而研究的一种方法就是使用真空隔热板。这一技术改变了靠加厚"发泡层"实现保温的方式，在发泡层中添加单独的真空层，使发泡层像真空玻璃一样阻断空气，既保证了电冰箱制冷后的持续效果，又不占用电冰箱体积，实现了电冰箱体积与使用容积的最佳组合。欧洲和日本已采用这项技术，但由于成本较高，使用并不普遍。

虽然采用 VPI 技术对电冰箱厂商来说制造成本会有一定的提高，短时期的利润会有所下降，但它对缓解能源状况的紧张起到了积极的作用，减少了对有限能源的消耗，并且有利于和国际进口家电的能耗规定接轨。随着规模生产的增长，单位产品的成本也会呈下降趋势。应该说，从长远的利益来看，VPI 技术的应用前景还是很可观的。

三、采用先进的制冷循环

1. 循环方式的改进

先进的制冷循环有双路循环、多路循环、双制冷循环、劳伦兹循环、斯特林循环、磁制冷循环等。目前应用较多的是双路循环系统，也称双温双控系统。单循环制冷系统与双循环制冷系统如图 4-10 所示。

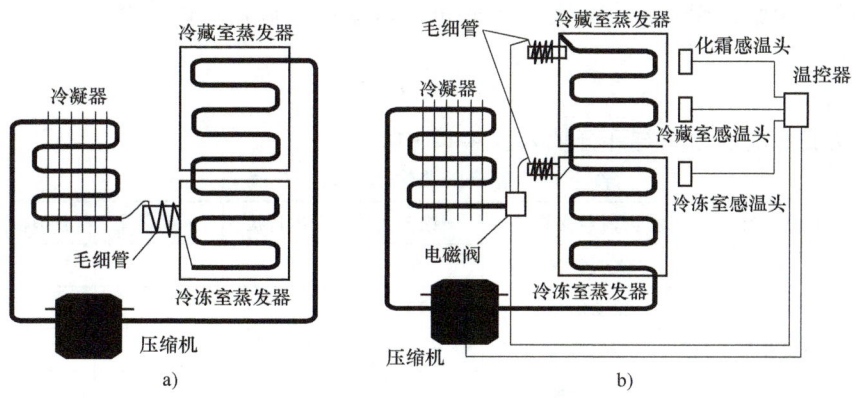

图 4-10 单循环与双循环制冷系统
a) 单循环制冷系统 b) 双循环制冷系统

双循环制冷系统可以避免单循环制冷系统的缺陷，根据冷藏室和冷冻室的具体需要，电子温控器通过控制电磁阀将制冷量送到需要的室去，这样就避免了环境温度对冷藏室和冷冻室内温度的影响，实现了能量的最佳分配和利用。

总之，双循环制冷系统具有温度控制准确、能耗小、容易实现宽气候带、冷冻能力大、噪声小以及节省制冷工质等优点。另外，其制冷系统的匹配也比单循环系统简单。

2. 制冷系统的优化

制冷系统的优化主要包括：

1) 冷凝器及蒸发器传热的强化。

2) 选择最佳的毛细管流量和制冷剂充注量，因为它们直接影响整个制冷循环的优化运行。最佳毛细管流量和制冷剂充注量的确定是和蒸发器的匹配设计以及冷凝器的优化设计联系在一起的，最佳值确定应注意两个方面：一是制冷剂充注量要尽量小，这样可以避免在低温工况下出现液击现象；二是毛细管流量调节范围要大。

3) 防凝露管的布置与走向对系统的能耗也有影响。目前，通常使防凝露管与压缩机排气管相连，用过热蒸汽通过防凝露管加热箱体门框，以避免门框出现凝露。

4) 工作时间系数的配合是非常重要的。

系统优化设计能获得的节能效果归纳于表 4-11。

表 4-11 优化设计节能百分比

合适的蒸发器设计	节能 5%~8%
大面积冷凝器	节能 5%
液压防凝露管	节能 3%
合理的工作时间系数（压缩机开/停时间）	节能 4%~6%

家用空调器的优化匹配案例

家用电冰箱的优化匹配案例

任务实施、评分与反馈

1. 任务实施

针对样机的测试数据进行分析，判断存在的问题和原因，并采取合理措施予以解决。用微知库 App 扫右侧二维码可学习家用空调器和电冰箱的优化匹配案例。

2. 检测评分

将任务完成情况的检测与评分填入表 4-12 中。

表 4-12 制冷装置优化匹配评分表

序号	检测项目	检测内容及要求	配分	学生自检	学生互检	教师检测	得分
1	职业素养	文明礼仪	5				
2		安全纪律	10				
3		行为习惯	5				
4		工作态度	5				
5		团队合作	5				
6	制冷装置测试数据分析及优化匹配	数据分析及优化方案制订	10				
		样机整改	30				
		整改样机的测试和总结	30				
综合评价							

3. 任务反馈

在任务完成过程中，是否存在表 4-13 中的问题，了解其产生的原因并解决问题。

表 4-13 任务实施反馈表

存在问题	产生原因	解决措施
样机的优化效果不佳	数据分析和优化措施不当	
	样机整改工艺不佳	
	优化后样机的测试操作有误	

思考与练习

任务二拓展作业

完成下列习题，并用微知库 App 扫右侧二维码完成拓展作业。

对表 4-14 中的空调器测试数据进行分析，并撰写空调器的改进和优化措施。

表 4-14 空调器测试数据

样机	型号	KFR-32GW/DY-J(E4)				
	样机外观	完好	内部结构	完好	试验电源	220V/50Hz
	样机附件	—	结束状态	恢复原机状态	压缩机	QJ222JAA
	名义制冷/热量	3200W/3950W			试验依据	QJ/MK08.048/053—2005
	制热额定功率/电流	1070W/5.0A			制冷额定功率/电流	1230W/5.8A
试验工况		■ 制冷 室内侧： 干球/湿球温度：27.01℃/19.01℃ 室外侧： 干球/湿球温度：35.02℃/24.00℃			■ 制热 室内侧： 干球/湿球温度：20.01℃/14.99℃ 室外侧： 干球/湿球温度：7.01℃/5.97℃	

	测试项目	结果 1	结果 2
1	制冷(热)量/W	3519.26	3779.01
2	消耗功率/W	1196.05	1222.62
3	输入电流/A	5.79	5.93
4	出口风量/(m³/h)	530.92	529.00
5	出风温度/℃	12.81/11.91	41.55/22.28
6	能效比(EER)	2.94	—
7	性能系数(COP)	—	3.09
	样机温度点	结果 1	结果 2
1	压缩机排气温度/℃	89.1	82.9
2	压缩机回气温度/℃	—	-0.3
3	冷凝器入口温度/℃	—	—
4	冷凝器中部温度/℃	45.5	1.4
5	冷凝器出口温度/℃	38.8	3.8
6	蒸发器入口温度/℃	12.5	32.0
7	蒸发器中部温度/℃	11.1/10.7	45.3/44.7
8	蒸发器出口温度/℃	9.3	68.6

项目小结

要让一款设计产品走向市场，本项目所涉及的内容是非常重要和关键的。精确的测试和分析可以找到设计和样机制作中存在的问题，并通过有效的优化使得样机的性能逐步改进，并最终达到设计要求。分析和优化措施的制订要求学员们对产品的结构、测试方法和优化策略都非常熟悉，是一项很有难度的工作，但一旦掌握本项目要求的能力，则可胜任企业的产品设计开发工作。

附录

附录 A 铝及变形铝合金新旧牌号对照

新牌号 (GB/T 3190—2008)	旧牌号 (GB/T 3190—1996)	新牌号 (GB/T 3190—2008)	旧牌号 (GB/T 3190—1996)	新牌号 (GB/T 3190—2008)	旧牌号 (GB/T 3190—1996)
1A99	LG5	2B12	LY9	3003	3003
1A97	LG4	2A13	LY13	3103	3103
1A95	—	2A14	LD10	3004	3004
1A93	LG3	2A16	LY16	3005	3005
1A90	LG2	2B16	LY16-1	3105	3105
1A85	LG1	2A17	LY17	4A01	LT1
1080	1080	2A20	LY20	4A11	LD11
1080A	1080A	2A21	214	4A13	LT13
1070	1070	2A25	225	4A17	LT17
1070A	1070A(L1)	2A49	149	4004	4004
1370	—	2A50	LD5	4032	4032
1060	1060(L2)	2B50	LD6	4043	4043
1050	1050	2A70	LD7	4043A	4043A
1050A	1050A(L3)	2B70	LD7-1	4047	4047
1350	1350	2A90	LD9	5A01	2101、LF15
1145	1145	2004	2004	5A02	LF2
1035	1035(L4)	2011	2011	5A03	LF3
1A30	L4-1	2014	2014	5A05	LF5
1100	1100(L5-1)	2014A	2014A	5B05	LF10
1200	1200(L5)	2214	2214	5A06	LF6
1235	1235	2017	2017	5B06	LF14
2A01	LY1	2017A	2017A	5A12	LF12
2A02	LY2	2117	2117	5A13	LF13
2A04	LY4	2218	2218	5A30	2103、LF16
2A06	LY6	2618	2618	5A33	LF33
2A10	LY10	2219	2219(LY19、147)	5A41	LT41

（续）

新牌号 (GB/T 3190—2008)	旧牌号 (GB/T 3190—1996)	新牌号 (GB/T 3190—2008)	旧牌号 (GB/T 3190—1996)	新牌号 (GB/T 3190—2008)	旧牌号 (GB/T 3190—1996)
2A11	LY11	2024	2024	5A43	LF43
2B11	LY8	2124	2124	5A66	LT66
2A12	LY12	3A21	LF21	5005	5005
5019	5019	6B02	LD2-1	7A09	LC9
5050	5050	6A51	651	7A10	LC10
5251	5251	6101	6101	7A15	LC15、157
5052	5052	6101A	6101A	7A19	919、LC19
5154	5154	6005	6005	7A31	183-1
5154A	5154A	6005A	6005A	7A33	LB733
5454	5454	6351	6351	7A52	LC52、5210
5554	5554	6060	6060	7003	7003(LC12)
5754	5754	6061	6061(LD30)	7005	7005
5056	5056(LF5-1)	6063	6063(LD31)	7020	7020
5356	5356	6063A	6063A	7022	7022
5456	5456	6070	6070(LD2-2)	7050	7050
5082	5082	6181	6181	7075	—
5182	5182	6082	6082	7475	—
5083	5083(LF4)	7A01	LB1	8A06	L6
5183	5183	7A03	LC3	8011	—
5086	5086	7A04	LC4	8050	—
6A02	LD2	7A05	705	8090	—

注：( ) 内牌号为 GB/T 3190—1982 标准牌号。

附录 B 铸造铝合金的牌号及化学成分（摘自 GB/T 1173—2013）

合金种类	合金牌号	合金代号	主要元素（质量分数，%）							
			Si	Cu	Mg	Zn	Mn	Ti	其他	Al
Al-Si 合金	ZAlSi7Mg	ZL101	6.5~7.5		0.25~0.45					余量
	ZAlSi7MgA	ZL101A	6.5~7.5		0.25~0.45			0.08~0.20		余量
	ZAlSi9Mg	ZL104	8.0~10.5		0.17~0.35		0.2~0.5			余量
	ZAlSi7Cu4	ZL107	6.5~7.5	3.5~4.5						余量
	ZAlSi12Cu2Mg1	ZL108	11.0~13.0	1.0~2.0	0.4~1.0		0.3~0.9			余量
	ZAlSi8Cu1Mg	ZL106	7.5~8.5	1.0~1.5	0.3~0.5		0.3~0.5	0.10~0.25		余量
	ZAlSi8MgBe	ZL116	6.5~8.5		0.35~0.55			0.10~0.30	Be 0.15~0.40	余量
	ZAlSi7Cu2Mg	ZL118	6.0~8.0	1.3~1.8	0.2~0.5		0.1~0.3	0.10~0.25		余量
Al-Cu 合金	ZAlCu5Mn	ZL201		4.5~5.3			0.6~1.0	0.15~0.35		余量
	ZAlCu5MnA	ZL201A		4.8~5.3			0.6~1.0	0.15~0.35		余量
	ZAlCu5MnCdA	ZL204A		4.6~5.3			0.6~0.9	0.15~0.35	Cd 0.15~0.25	余量
Al-Mg 合金	ZAlMg10	ZL301			9.5~11.0					余量
	ZAlMg5Si	ZL303	0.8~1.3		4.5~5.5		0.1~0.4			余量
	ZAlMg8Zn1	ZL305			7.5~9.0	1.0~1.5		0.10~0.20	Be 0.03~0.10	余量
Al-Zn 合金	ZAlZn11Si7	ZL401	6.0~8.0		0.1~0.3	9.0~13.0				余量
	ZAlZn6Mg	ZL402			0.5~0.65	5.0~6.5	0.2~0.5	0.15~0.25	Cr 0.4~0.6	余量

附录 C 加工铜的牌号及化学成分（摘自 GB/T 5231—2012）

分类	代号	牌号	Cu+Ag (最小值)	化学成分（质量分数,%）											
				P	Ag	Bi[①]	Sb[①]	As[①]	Fe	Ni	Pb	Sn	S	Zn	O
无氧铜	C10100	TU00	99.99[②]	0.0003	0.0025	0.0001	0.0004	0.0005	0.0010	0.0010	0.0005	0.0002	0.0015	0.0001	0.0005
				Te≤0.0002, Se≤0.0003, Mn≤0.00005, Cd≤0.0001											
	T10130	TU0	99.97	0.002	—	0.001	0.002	0.002	0.004	0.002	0.003	0.002	0.004	0.003	0.001
	T10150	TU1	99.97	0.002	—	0.001	0.002	0.002	0.004	0.002	0.003	0.002	0.004	0.003	0.002
	T10180	TU2[③]	99.95	0.002	—	0.001	0.002	0.002	0.004	0.002	0.004	0.002	0.004	0.003	0.003
	C10200	TU3	99.95	—	—	—	—	—	—	—	—	—	—	—	0.0010
银无氧铜	T10350	TU00Ag0.06	99.99	0.002	0.05~0.08	0.0003	0.0005	0.0004	0.0025	0.0006	0.0006	0.0007	—	0.0005	0.0005
	C10500	TUAg0.03	99.95	—	≥0.034	—	—	—	—	—	—	—	—	—	0.0010
	T10510	TUAg0.05	99.96	0.002	0.02~0.06	0.001	0.002	0.002	0.004	0.002	0.004	0.002	0.004	0.003	0.003
	T10530	TUAg0.1	99.96	0.002	0.06~0.12	0.001	0.002	0.002	0.004	0.002	0.004	0.002	0.004	0.003	0.003
	T10540	TUAg0.2	99.96	0.002	0.15~0.25	0.001	0.002	0.002	0.004	0.002	0.004	0.002	0.004	0.003	0.003
	T10550	TUAg0.3	99.96	0.002	0.25~0.35	0.001	0.002	0.002	0.004	0.002	0.004	0.002	0.004	0.003	0.003
锆无氧铜	T10600	TUZr0.15	99.97[④]	0.002	Zr:0.11~0.21	0.001	0.002	0.002	0.004	0.002	0.003	0.002	0.004	0.003	0.002
纯铜	T10900	T1	99.95	0.001	—	0.001	0.002	0.002	0.005	0.002	0.003	0.002	0.005	0.005	0.02
	T11050	T2[⑤][⑥]	99.90	—	—	0.001	0.002	0.002	0.005	—	0.005	—	0.005	—	—
	T11090	T3	99.70	—	—	0.002	—	—	—	—	0.01	—	—	—	—
银铜	T11200	TAg0.1~0.01	99.9[⑦]	0.004~0.012	0.08~0.12	—	—	—	—	0.05	—	—	—	—	0.05
	T11210	TAg0.1	99.5[⑧]	—	0.06~0.12	0.002	0.005	0.01	0.05	0.2	0.01	0.05	0.01	—	0.1
	T11220	TAg0.15	99.5	—	0.10~0.20	0.002	0.005	0.01	0.05	0.2	0.01	0.05	0.01	—	0.1

（续）

化学成分（质量分数，%）

分类	代号	牌号	Cu+Ag（最小值）	P	Ag	Bi[1]	Sb[1]	As[1]	Fe	Ni	Pb	Sn	S	Zn	O
磷脱氧铜	C12000	TP1	99.90	0.004~0.012	—	—	—	—	—	—	—	—	—	—	—
	C12200	TP2	99.9	0.015~0.040	—	—	—	—	—	—	—	—	—	—	—
	T12210	TP3	99.9	0.01~0.025	—	—	—	—	—	—	—	—	—	—	0.01
	T12400	TP4	99.90	0.040~0.065	—	—	—	—	—	—	—	—	—	—	0.002

化学成分（质量分数，%）

分类	代号	牌号	Cu+Ag（最小值）	P	Ag	Bi[1]	Sb[1]	As[1]	Fe	Ni	Pb	Sn	S	Zn	O	Cd
碲铜	T14440	TTe0.3	99.9[9]	0.001	Te:0.20~0.35	0.001	0.0015	0.002	0.008	0.002	0.01	0.001	0.0025	0.005	—	0.01
	T14450	TTe0.5-0.008	99.8[10]	0.004~0.012	Te:0.4~0.6	0.001	0.003	0.002	0.008	0.005	0.01	0.01	0.003	0.008	—	0.01
	C14500	TTe0.5	99.90[10]	0.004~0.012	Te:0.40~0.7	—	—	—	—	—	0.05	—	—	—	—	—
	C14510	TTe0.5~0.02	99.85[10]	0.010~0.030	Te:0.30~0.7	—	—	—	—	—	0.05	—	—	—	—	—
硫铜	C14700	TS0.4	99.90	0.002~0.005	—	—	—	—	—	—	—	—	0.20~0.50	—	—	—
锆铜	C15000	TZr0.15[12]	99.80	—	Zr:0.10~0.20	—	—	—	—	—	—	—	—	—	—	—
	T15200	TZr0.2	99.5[4]	—	Zr:0.15~0.30	0.002	0.005	—	0.05	0.2	0.01	0.05	0.01	—	—	—
	T15400	TZr0.4	99.5[4]	—	Zr:0.30~0.50	0.002	0.005	—	0.05	0.2	0.01	0.05	0.01	—	—	—
弥散无氧铜	T15700	TUAl0.12	余量	0.002	Al$_2$O$_3$:0.16~0.26	0.001	0.002	0.002	0.004	0.002	0.003	0.002	0.004	0.003	—	—

[1] 砷、铋、锑可不分析，但供方必须保证不大于极限值。
[2] 此值为铜量，铜含量（质量分数）不小于99.99%时，其值应由差减法求得。
[3] 电工用无氧铜TU2氧含量（质量分数）不大于0.002%。
[4] 此值为Cu+Ag+Zr。
[5] 经双方协商，可供应P含量（质量分数）不大于0.001%的导电T2铜。
[6] 电力机车接触网用纯铜线坯：Bi≤0.0005%，Pb≤0.0050%，O≤0.0035%，P≤0.001%，其他杂质总和≤0.03%。
[7] 此值为Cu+Ag+P。
[8] 此值为铜含量（质量分数）。
[9] 此值为Cu+Ag+Te。
[10] 此值为Cu+Ag+Te+P。
[11] 此值为Cu+Ag+S+P。
[12] 此牌号Cu+Ag+Zr不小于99.9%（质量分数）。

附录 D 铜合金的牌号及化学组成（摘自 GB/T 5231—2012）

黄铜的牌号及化学组成

组别	牌号	主要化学成分(质量分数,%)			
		铜	锌	其他合金元素	杂质总和
普通黄铜	H95 H68 H59	94.0~96.0 67.0~70.0 57.0~60.0	余量	—	≤0.3 ≤0.3 ≤1.0
铅黄铜	HPb63-3 HPb59-1	62.0~65.0 57.0~60.0	余量	铅 2.4~3.0 铅 0.8~1.9	≤0.75 ≤1.0
锡黄铜	HSn62-1	61.0~63.0	余量	锡 0.7~1.1	≤0.3
硅黄铜	HSi80-3	79.0~81.0	余量	硅 2.5~4.0	≤1.5

青铜的牌号及化学组成

组别	牌号	主要化学成分(质量分数,%)				
		锡	铝	锰	其他	杂质总和
锡青铜	QSn4-3 QSn4-4-2.5 QSn6.5-0.1 QSn6.5-0.4	2.5~4.5 3.0~5.0 6.0~7.0 6.0~7.0		铅 1.5~3.5	锌 2.7~3.3 锌 3.0~5.0 磷 0.10~0.25 磷 0.26~0.40	≤0.2 ≤0.2 ≤0.4 ≤0.4
铝青铜	QAl7		6.5~8.5			≤1.3
锰青铜	QMn5			4.5~5.5		≤0.9
硅青铜	QSi3-1			1.0~1.5	硅 2.7~3.5	≤1.1

白铜的牌号及化学组成

组别	牌号	主要化学成分(质量分数,%)						
		镍+钴	铁	锰	铝	锌	铜	杂质总和
普通白铜	B19 B25	18~20 24~26					余量	≤1.8 ≤1.8
铁白铜	BFe30-1-1	29~32	0.5~1	0.5~1.2			余量	≤0.7
锰白铜	BMn43-0.5	42~44		0.1~1			余量	≤0.6
锌白铜	BZn15-24-1.5	12.5~15.5	0.25	0.05~0.5	铅 1.4~1.7		58~60	≤0.75
铝白铜	BA16~1.5	5.6~6.5	0.50	0.20	1.2~1.8		余量	≤1.1

附录 E　中日不锈钢牌号对比

中国 GB 新牌号	日本 JIS	中国 GB 新牌号	日本 JIS
奥氏体型不锈钢		奥氏体-铁素体型不锈钢（双相不锈钢）	
12Cr17Mn6Ni5N	SUS201	—	SUS329J1
12Cr18Mn9Ni5N	SUS202	022Cr19Ni5Mo3Si2N	SUS329J3L
12Cr17Ni7	SUS301	铁素体型不锈钢	
06Cr19Ni10	SUS304	06Cr13Al	SUS405
022Cr19Ni10	SUS304L	022Cr11Ti	SUH409
06Cr19Ni10N	SUS304N1	022Cr12	SUS410L
06Cr19Ni9NbN	SUS304N2	10Cr17	SUS430
022Cr19Ni10N	SUS304LN	10Cr17Mo	SUS434
10Cr18Ni12	SUS305	022Cr18NbTi	—
06Cr23Ni13	SUS309S	019Cr19Mo2NbTi	SUS444
06Cr25Ni20	SUS310S	马氏体型不锈钢	
06Cr17Ni12Mo2	SUS316	12Cr12	SUS403
06Cr17Ni12Mo2Ti	SUS316Ti	12Cr13	SUS410
022Cr17Ni12Mo2	SUS316L	20Cr13	SUS420J1
06Cr17Ni12Mo2N	SUS316N	30Cr13	SUS420J2
022Cr17Ni13Mo2N	SUS316LN	68Cr17	SUS440A

附录 F　某空调室外机零部件

零件分类	零件名称
钣金件	底盘、室外机电控安装板、电容卡、后网、电动机支架、隔板、前面板、前网、阀安装板、压缩机安装螺栓（3件）、底座安装板（2件）、顶盖板、右侧板、左侧板
塑料件	后网把手、右端盖、风扇、电控压线卡
管阀件	高压阀、低压阀、工艺管、冷凝器输出管、Y形三通、过滤器、毛细管（2件）、单向阀、单向阀-高压阀接管、冷凝器汇流管、T形三通、T形三通接管（2件）、四通阀-冷凝器接管、低压阀-四通阀接管、压缩机回气管（2件）、压缩机排气管、四通阀、压缩机（含减振胶3个）、冷凝器
海绵件	支架海绵、面板隔音海绵、冷凝器后密封海绵、冷凝器密封海绵、冷凝器输入管防撞海绵、毛细管防撞海绵、后网右顶密封海绵、冷凝器顶海绵、隔板密封海绵、隔板前海绵、隔板顶海绵、电动机穿孔海绵、电控板压线海绵
电气件	压缩机线、压缩机电容、风扇电容、接线端子、电动机、接地线、端子电容线
其他件	商标、室外机铭牌、室外机警示标识、室外机接线铭牌、防振胶（4个）
附加件	底包装泡沫3（件）、顶包装泡沫2（件）、底纸板、配件纸箱、顶纸箱、型号标贴（2张）、认证标贴（2张）、铭牌标贴（2张）、防撞木架（2只）、遥控器、电池、说明书、安装指南、保修单、特约服务商目录、连接管（大小各5m,含保温套）、安装螺钉（若干）、封墙泥（1盒）、穿墙管、塑料管卡、内外机连接导线组

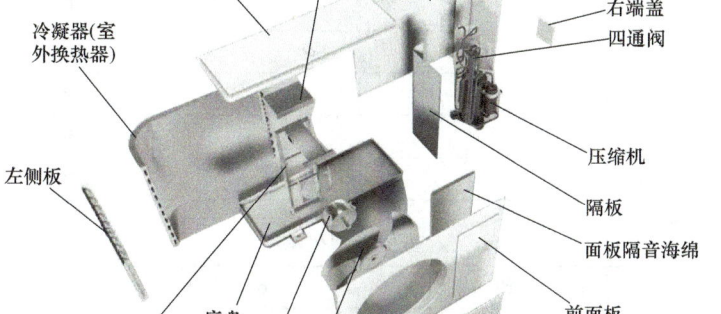

附录 G 常用硬钎剂的化学成分

型 号	化学成分（质量分数，%）					
	H_3BO_3	KBF_4	KF	B_2O_3	$Na_2B_4O_7$	CaF_2
FB101	30	70	—	—	—	—
FB102	—	23	42	35	—	—
FB103	—	>95	—	—	—	—
FB104	35	—	15	—	50	—
FB105	80	—	—	—	14.5	5.5
FB106	—	42	35	23	—	—
FB301	—	—	—	—	>95	—
FB302	75	—	—	—	25	—
	$LiCl$	KCl	$ZnCl_2$		$CdCl_2$	NH_4Cl
FB201	25	25	15		30	5

附录 H 非合金钢及细晶粒钢焊条型号表示方法 （摘自 GB/T 5117—2012）

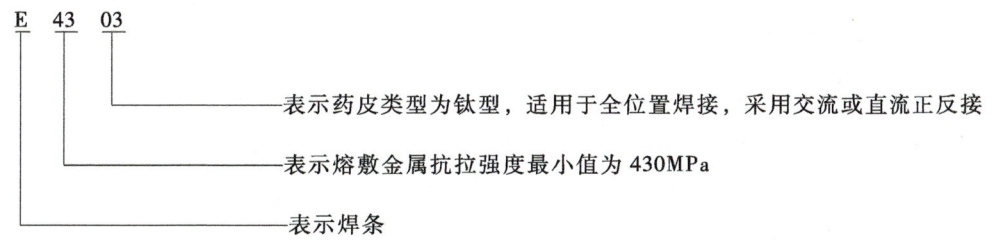

熔敷金属抗拉强度代号

抗拉强度代号	最小抗拉强度值/MPa
43	430
50	490
55	550
57	570

药皮类型代号

代号	药皮类型	焊接位置[①]	电流类型
03	钛型	全位置[②]	交流和直流正、反接
10	纤维素	全位置	直流反接
11	纤维素	全位置	交流和直流反接
12	金红石	全位置[②]	交流和直流正接
13	金红石	全位置[②]	交流和直流正、反接
14	金红石+铁粉	全位置[②]	交流和直流正、反接
15	碱性	全位置[②]	直流反接
16	碱性	全位置[②]	交流和直流反接
18	碱性+铁粉	全位置[②]	交流和直流反接
19	钛铁矿	全位置[②]	交流和直流正、反接
20	氧化铁	PA、PB	交流和直流正接
24	金红石+铁粉	PA、PB	交流和直流正、反接
27	氧化铁+铁粉	PA、PB	交流和直流正、反接
28	碱性+铁粉	PA、PB、PC	交流和直流反接
40	不做规定	由制造商确定	
45	碱性	全位置	直流反接
48	碱性	全位置	交流和直流反接

① 焊接位置见 GB/T 16672—1996，其中 PA＝平焊、PB＝平角焊、PC＝横焊、PG＝向下立焊。
② 此处"全位置"并不一定包含向下立焊，由制造商确定。

参 考 文 献

[1] 王正伟. 流体机械基础 [M]. 北京：清华大学出版社，2006.
[2] 刘红敏. 流体机械泵与风机 [M]. 上海：上海交通大学出版社，2014.
[3] 周文. 流体机械结构与维护 [M]. 北京：化学工业出版社，2015.
[4] 张颖. 过程流体机械选型方法及应用 [M]. 北京：中国石化出版社，2012.
[5] 余华明，陈礼. 流体力学及流体机械 [M]. 上海：上海交通大学出版社，2013.
[6] 杨诗成，王喜魁. 泵与风机 [M]. 4版. 北京：中国电力出版社，2012.
[7] 邱庆龄. 小型制冷装置检测与维修 [M]. 北京：高等教育出版社，2012.